인프라 돈
이야기

김 재 연

박영
story

머리말

　사실 나는 반쪽짜리 엔지니어였다. 지금도 그런 것 같다고 항상 생각한다. 너무 오랜 기간 본사에서 해외 견적업무를 했고, 다른 동료, 형, 동생들이 현장에 가서 '진정한 건설 엔지니어의 삶'을 사는 동안 책상에 앉아 있었다. 그렇기 때문에 내가 아무리 날고 긴다고 하더라도 나를 반쪽이라고 평가하시는 분들이 많았다. 지금 그분들이 나에게 그렇게 이야기했다는 것을 기억이나 하실지 모르겠다. 그러다 우연한 기회에 (경제 관련 기사에서 흔히 볼 수 있는) 금리나 채권, 거시 및 미시경제학 등 금융에 대한 기초 지식 하나 없이 금융업에 넘어왔고, 지난 몇 년간 내가 지금 보고 경험한 것들을 내 방식대로 소화하면서 느끼고 배운 것들을 글로 남겼다. 그래서 여전히 나는 나스스로를 기본이 부족한 채 현재를 소화하기 바쁜 반쪽짜리라는 생각이 든다. 그때도 그랬고 지금도 마찬가지다.

　그럼에도 불구하고 내가 누군가 관심 있게 읽을지 모르는 이 머리말을 쓰고 있는 이유는, 세상 그 어느 누구도 특정 산업과 삶의 모든 것을 알거나 경험할 수 없으며, 그렇기 때문에 모두 가지고 있는 경험과 지식이 제한적일 수밖에 없다는 사실, 즉 "모두가 모두에게 장님이 코끼리 뒷다리 만지는 격으로 자신이 경험한 범위 내에서만 말하고 있다"고 생각해보려 노력하는 자만심(?) 때문일 것이다.

　또 한편으로는, 스스로를 난독증이라고 평가하면서 책을 별로 좋아하지 않던 지인이 하루는 나에게서 책을 빌려가더니 "책이라는 것이 한 사람이 경험한 세상을 담아낸 것인데 왜 그 생각을 지금까지 하지 못해서 책을 멀리해왔는지 모르겠다"고 한 적이 있었는데, 같은 방식으로, 나도 내가 경험하고 내 방식대로 씹어서 소화한, 미천한 경험과 지식을 남기면, 또 누군가가 (감사하게도) 이 책을 읽고 나머지 반쪽을 채워 더 대단한 것을 이루어가지 않을까 하는 어설픈 기대감이 있기 때문일 것이다.

예전부터 우리는 언젠가는 AI가 우리의 일자리를 대체하게 될 것이라고 생각하고 있다. 나도 한창 견적을 할 때는 과연 견적업무까지 그렇게 될 것인지에 대한 깊은 고민을 한 적이 있다. 견적업무를 직접 수행해본 경험이 없는 사람은 단순하게 km당 도로 건설비가 얼마인지, MW당 발전소 건설비가 얼마인지와 같이 견적을 너무 쉽게 생각한다. 실제로 국내 태양광발전은 그런 식의 접근이 가능할진 모르지만, 일본과 우리나라의 태양광 건설비가 다르고, 같은 해상풍력이어도 대만과 북해는 크게 차이가 난다. 즉 같은 종류나 규모의 사업도 토목공사 비중에 따라, 쓰는 공법에 따라, 나라마다 정책에 따라, 해당 나라의 물가에 따라 모두 다 다르기 때문에 견적은 그렇게 단순하지만은 않다. 건설이라 함은 그 나라의 자연이나 제도, 문화를 바탕으로 각자 다른 방식의 최적화가 되어있기 때문이다.

그런 의미에서 나는 해외 토목견적을 수행하는 사람을 탐험가라고 생각한다. 한 번도 고민해보지 못했을 것들을 고민하고, 많은 변수들을 정의하고 가정하면서 하나의 결과물을 만들어 가는 과정은 마치 밑그림조차 없는 백지에서 시작하는 그림이고, 이제 방금 '새로 만들기' 버튼을 누른 엑셀이며, 한 번도 가보지 못한 길을 구상하는 사람들이라고 생각하기 때문이다. 그럼 금융은 어떠한가? 내 경험상 해외 인프라 금융은 해외 견적과 사실 비슷한 부분이 많다. 금융이라는 것도 건설과 마찬가지로 사람이 하는 일이라서, 그 나라의 문화와 제도가 그대로 반영되어 있다. 특히 인프라의 경우는 공공성이 강하기 때문에 각 나라마다 고유한 정책과 제도가 있고 그것을 바탕으로 쓰여진 다양한 내용과 방식의 계약이 존재한다. 이를 엑셀로 구현한 재무모델을 보고 있자면 가끔 현타가 오기는 하지만 어쨌든 이러한 자료의 바다를 헤집고 나서 나만의 방식과 논리로 정리한 '투자심사 보고서'를 작성하는 것은 방금 '새로 만들기' 버튼을 눌러 만든 하얀 엑셀파일에서 최종 공사금액을 뽑아내는 것과 비슷한 느낌이다.

그럼에도 불구하고 둘의 차이점을 꼽자면, 한쪽은 "이미 어딘가 쓰여

있는 정답"을 찾아가는 느낌이고, 다른 한쪽은 "현재 이 시점, 현재 시장에서 인정받는 정답"이 무엇인지를 고민해야 한다는 점이다. 이 상반된 내용이 앞으로 전개될 글에서도 그대로 드러날 것이다. 한쪽에서는 다른 한쪽을 "앞뒤 꽉 막혀서 자기들이 아는 것이 세상의 전부인 냥 생각하는 사람"이라고 치부하고, 다른 한쪽에서는 반대쪽에게 "제대로 알지도 못하고 그때그때 다르다고 말하는 것은 나도 하겠다!"라고 한다. 당연히 어떤 방식이 만병통치약이 될 수는 없기 때문에 서로를 이해해야 하는데 이것을 좋게 말하면 "융합"이라고 할 수도 있겠다. 반쪽짜리인 나는 사실 양쪽 모두가 불편해진 것 같아 안타깝지만 그래도 먹고는 살아야 하니 적응한다.

어쨌든 그러한 관점에서 반쪽짜리 엔지니어가 지난 기간 경험했던 인프라 돈과 관련된 내용을 내 방식대로 소화하여 정리한 것이니, 반쪽 정도만 재미있게 읽어주셨으면 좋겠다. 그리고 코로나 및 미국의 급격한 금리상승 등 지난 수년간 너무 큰 변화가 일시에 몰려와서, 하루하루가 다른 시기이다 보니, 작성 시점에 느꼈던 부분이 현재는 조금 달라서 안 맞을 수도 있다는 점 귀엽게 이해해주시기를 바란다.

차례

1

인프라에서 돈이란

여지껏 인프라와 관련된 일을 하면서 돈 많이 벌었다고 하는 사람들은 70년대 중동붐 때 중동 현장에서 땀 흘려 고생하시면서 하도급을 수행하신 건설 선배님들뿐인 것 같다. 그때만 해도 1년에 한 번 휴가를 나올 수 있었고, 3년만 해외현장에 다녀오면 서울에 집을 살 수 있었다고는 하나 지금은 꿈도 못 꾼다. 그렇다 보니 많은 사람들이 가족들 및 일상과 떨어져 해외현장에서 일만 해야 하는 희생을 감수할 만한 이유를 찾지 못하게 되고 자연스럽게 해외 건설의 모멘텀은 떨어지는 것 같다. 지금까지도 계속 해외 건설 붐이 있었다면 국내외 인프라 금융도 더 쉽게 동반 성장할 수 있었을 텐데 아쉬운 부분이다. 금융이 먼저 해외에 진출하면서 국내 건설사를 동반하는 사례는 아직까지 찾아보기 힘들고 말이다.

속상하고 안타깝게도 인프라 사업을 해서 큰돈을 벌 수 있다는 의도로 '인프라에서 돈'이라는 화두를 던진 것은 아니다. (많이 속상하다.) 지금 서점에는 주식이나 부동산 투자, 앞으로 투자 전망과 관련된 책들이 즐비하고 앞으로도 계속 나올 것이라는 점은 그만큼 많은 사람들이 관심을 갖고 있고 구매를 한다는 뜻이다. 다른 한편으로 인프라 투자에 대한 책을 보기 어려운 이유는 그만큼 관심있는 사람도 적다는 의미이고 이걸로 재미봤다는 사람도 없기 때문일 것이다.

내 경험 역시 미천하나 그동안 인프라 투자 업계에서 경험한 것 역시 비슷하다. 인프라 사업은 큰 회사들과 큰 기관투자자들의 영역이고, 그들 스스로도 이 사업을 통해 큰돈을 벌겠다고 생각하는 사람은 거의 보지 못하였다. 다들 "인프라는 채권과 같아 위기에도 안정적이 수익을 보장하는 '대체투자자산' 중 하나"라고는 말하지만 결국 비슷한 형태인 『부동산투자회사법』에 근거하여 주식시장에 상장되는 REITs는 시장에서 관심도 많고 상대적으로 활발한 반면 『사회기반시설에대한민간투자법』을 근거로 상장되는 인프라펀드는 여전히 하나밖에 없는 것도 역시 동일한 의미일 것이다.

그럼에도 불구하고, (모두 다 아시겠지만) 인프라는 사회기반시설로서 중요한 역할을 한다. 여러분이 고민 없이 쓰고 버리는 물이나, 분리수거로 버리는 쓰레기들, 언제 어디서나 스위치만 키면 쓸 수 있는 전기는 모두 우리나라 인프라가 잘 되어있기 때문이다. 당장 산골짜기의 펜션에 가서 변기의 물을 내렸는데 수압이 원하는 만큼이 아닐 때 느껴지는 은근한 짜증 역시 그런 훌륭한 인프라 시설에 익숙해져 있다는 의미일 것이다. 하지만 동시에 자산운용사에서 근무하던 지인이 한 말과 같이 "내가 인프라 투자업계에 있지만 사실 전기 쓰는 데 불편함도 없고, 차 끌고 나오면 인제니 도로가 있고, 밤에는 항상 가로등 불이 들어오니 솔직히 인프라가 어떻게 운영되고 개발되는지보다는 역시 당장 눈에 들어오는 내 집값이나 코스피 숫자에 더 관심이 많이 간다"는 것이 현실이다.

어떤 형태로든 건설업계에 종사하고 있는 사람을 제외하곤 인천대교가 얼마나 어렵게 만들어졌을지 생각해본 사람이 몇이나 있을까? 나조차도 공항버스 타고 가면서 "와 경치 좋다." 정도만 생각이 날 뿐인데? 더군다나 솔직히 건설업계가 호황이 아닌 것도 사실이다. 내가 처음 시공사에서 커리어를 시작할 때만 해도 신입사원을 200명씩 뽑았고, 어디에서 몇 조원 사업을 수주했다는 소식들이 큰 이야기 거리였지만 현재는 그런 기사 자체를 보기도 어렵고, 건설업에 종사하는 동기나 친구들을 통해 들려오는 소식도 10년 전의 그때와는 너무 다르다. 심지어 최근에 본 기사의 주제는 "야성을 잃은 건설업"이었다. 모르긴 몰라도 대학에서도 토목이나 건설과 관련된 학과의 인기는 예전같지 않을 것이다.

하지만 동시에 하나의 국가가 존재하는 이상 건설업은 누군가는 해야 할 일이고 새로운 인력을 계속 필요로 하는 산업인 것 또한 사실이다. 그렇기 때문에 아무리 힘들고 어렵더라도 없어지지 않을 분야이며, 따라서 관련된 투자, 즉 돈에 대한 이야기도 영원할 수밖에 없다고 생각한다. 지금은 너무 핫한 암호화화폐나 대체불가능토큰도 미래에는 전혀 소용이 없게 될 수도 있지만 인프라는 아니다. 아마 내가 죽을 때까지도 거기 그대로 있을 것들이다. 다만 참여하거나 이용하는 사람들, 소유하는 회사, 약간의 기술이 바뀔 수는 있지만 말이다.

나는 내 반쪽짜리 지식을 바탕으로 인프라의 돈 이야기를 '인프라 사업을 위해 필요한 돈은 얼마인가?', '이 돈을 어떻게 조달할 것인가?', '조달한 돈은 어떻게 회수할 것인가?' 그리고 '앞으로 인프라 돈은 어디로 흘러갈 것인가?' 이렇게 크게 4가지로 구분하여 이야기하고자 한다.

'인프라 사업을 위해 필요한 돈은 얼마인가?'는 일반적인 견적과 관련된 내용이다. 시공회사에서조차 (특히 해외) 견적은 사실상 도제식으로 교육되었고 표준화된 내용이 없으며 시중에서조차 정말 견적의 실무적인 부분을 다루는 책을 찾기가 어려웠다. 또한 학교에서도 이 부분을 그렇게 학문적으로까지 정립해서 수업을 해야 할 영역은 아니라고 여겨져왔던 것으로 생각된다. 그래서 견적을 함에 있어 고려해야 할 중요한 포인트들을 중심으로 어떤 돈들이 연결되는지 고민해보려고 한다.

둘째로 '이 돈을 어떻게 조달할 것인가?'는 PF 금융조달과 관련된 내용을 다뤄볼 것이다. 앞서 고민했던 돈들을 어디서 어떻게 조달하는지에 대해서 생각해보려고 한다. 다만 꼭 PF(프로젝트 파이낸싱, 프로젝트 금융)로 사업비를 조달해야 하는 것은 아니기 때문에 다른 형태의 자금조달과 관련해서 한번쯤 생각해 볼 부분을 짚어보려고 한다.

세 번째로 '투자된 돈을 어떻게 회수할 것인가?'는 출자자보다는 금융회사 입장에서 인프라를 하나의 투자대상으로 바라보는 관점과 앞서 조달되었던 돈들이 회수되는 과정상 고민하는 것들에 대해서 이야기해보고자 한다. 엔지니어들이 놓치는 혹은 잘 모르는 부분 중에 하나일 텐데, 단순히 금융을 '돈을 빌려주고 이자를 꼬박꼬박 받으려고 하는' 고리대금업자와 같은 시선이 아닌 재무적투자자(Financial Investor)로서 그 뒤에 하고 있는 고민에 대해서도 같이 알아보려고 한다.

마지막으로 '앞으로 인프라의 돈들이 움직일 곳'에 대해서 이야기해보고자 한다. 과거 토목/건축으로 한정지었던 인프라를 넘어서 정말 "Infrastructure" 혹은 SOC(사회간접자본)라는 개념으로 접근해 어디로 돈이 흘러갈지에 대해서 한번 생각해보고자 한다.

웬만한 국가는 자국 건설회사가 최소 하나쯤은 있다. 아무리 인구가 적어도 말이다. 결국 자국 인프라 산업은 자국 회사가 지켜야 한다고 생각한다. 특히 그 인프라가 유료라면 더욱 그러하다. 왜냐하면 인프라는 언제나 그곳에 있고, 나뿐만 아니라 앞으로도 그곳이 있을 것이며 우리가 쓰다가 우리 자식이 쓸 것이기 때문이다. 따라서 그 사업을 위해 어떤 돈이 어떻게 준비되고 조달되어 어떻게 회수해 가는지, 그래도 한번쯤은 들여다 볼 필요가 있다.

2

인프라 건설기간의 돈

2.1

견적이라는 행위는 무엇을 의미하는 걸까? _____ 💰

    너무나도 오래된 명작, '가을동화'의 주인공 명대사 "사랑? 웃기지마. 이제 돈으로 사겠어. 얼마면 돼, 얼마면 될까?", "얼마… 줄 수 있는데요?"

    아주 오글거리는 이 대사가 바로 '견적'이다. 원빈이 송혜교의 사랑에 대한 견적을 제출해야 하는데 아마 높게 부를수록 유리할 것 같다. (일단 원빈 외모면… PQ는 무조건 통과라고 생각하고…) 사랑의 가격이 얼마인지는 왠지 마이클 샌델 교수님이 다루어야 할 주제인 것 같긴 하지만 어쨌든 시장경제가 작동하는 곳 어디든 존재하는 단어일 것이다. 집 인테리어를 할 때도, 조립 PC를 구입할 때도 마찬가지이다. 우리 생활에서 너무나도 가까운 이 말을 국어사전에서 검색하면 "어떤 일을 하는 데 필요한 비용 따위를 미리 어림잡아 계산함. 또는 그런 계산."이라고 나오고 한자로는 볼 견(見)에 쌓을 적(積), 즉 쌓아서 보는 것이다. 순수 우리말로는 어림셈이라고 한다. 즉, 앞으로 구매하려고 하는 그 무엇인가를 사전에 어림잡아 보는 행위를 의미한다.

    실제로 건설업계에서는 제출하는 공사금액이 낮을수록 경쟁력이 있다.

그것이 도급사업을 위한 견적이든 투자개발사업을 위한 것이든, 자본적 지출[1](CAPEX라고도 함)에 해당되는 이 비용을 너무 낮게 책정하면 비용이 감소하므로 개발사업의 수익성은 증가할 수 있겠지만 시공하는 입장에서는 건설기간 적자를 유발하는 악성 저가수주가 될 수 있다. 결국 핵심은 견적을 제출하는 회사가 '실행 가능한 적정한 금액'이며, 이 '실행 가능한 적정 금액'을 어느 수준까지 낮게 책정할 수 있냐는 것이 회사의 경쟁력이라고 할 수 있다. 결국 견적이란 이 적정 금액을 제시하는 논리적인 근거자료를 만드는 행위를 의미한다.

건설/시공을 통해 사용사(혹은 발주자)가 구매(혹은 인도)하려고 하는 목적물(앞으로 쌓고 지어질 구조물)이 얼마인지를 사전에 예상해보는 행위인 건설업계의 견적이 다른 산업에서 일컬어지는 견적과 다른 점이 있다면, 아마도 그 금액이 실현되는 기간(건설기간)이 상대적으로 너무 길고, 세상 어디에도 100% 동일하게 비교할 수 있는 사례가 적다는 것이다. 인테리어나 조립PC의 견적은 이미 만들어진 부품을 조립하는 행위이거나 작업환경이 일정하고 상대적으로 기간이 짧을 수 있으며 대동소이한 과거 사례들이 많이 존재한다.

하지만 건설산업의 경우, (특히 대형사업에서는) 수년의 시간이 필요하며 (심지어 국내 계속사업의 경우 10년도 넘는다) 그 기간 동안에도 이미 만들어진 부품을 단순 조립하는 것이 아니라 땅(土)과 나무(木), 콘크리트와 철근의 재료들(재)을 사람(노)과 장비(경)들을 이용하여 – 마치 이태리 장인이 추리닝을 만들 듯 - 한 땀 한 땀 만들어서 써야 하는데 그것도 변화 무쌍한 날씨와 계절, 산업 및 사회로부터의 외생변수와 그 현장에서만 발생하는 각종 지질 및 현장 조건(때로는 민원까지)을 고려해야 한다. 따라서 건설산업 견적을 함에 있어서 가장 중요한 것은 건설기간 동안 발생할, 정형화되지 못하고 현

---

1 CAPEX(capital expenditure)라고도 하는데, 자본을 유지하기 위한 지출을 의미하며 공장 부지를 매입하는 데 쓰는 지출 따위가 있다.

장 상황에 영향을 많이 받는 수많은 사건들을 최대한 숫자와 논리로 모사하는 것이라고 생각한다. 결국 시뮬레이션이라는 뜻이다.

또 한편 실무적으로 견적이라는 행위는 설계(Engineering)와 시공(Construction)의 가교역할이라고 할 수도 있다. 실제로 하나의 프로젝트를 두고도 설계사와 시공사가, 혹은 발주자와 건설사가 별도로 견적업무를 수행하게 된다. 설계 단계의 견적은 '설계예가'를 산출하기 위함이며 이 '설계예가'를 통해서 발주자 혹은 개발사는 필요한 자금을 예측하거나 최종 계약을 위한 목표 공사금액 수준을 짐작할 수 있다. 입찰 및 계약 단계에서 시공사 혹은 건설사가 수행하는 견적은 소위 '입찰견적(혹은 도급견적)'이며 이 공사를 수행하는 데 있어서 보다 구체적으로 예상되는 금액을 산정하고 본 계약을 통해서 우리가 받을 수 있는 금액을 결정하는 용도로 활용된다. 턴키(Turn-key) 공사나 민관협력사업(PPP)의 경우에는 설계와 시공을 하나의 민간회사 조직이 수행하기 때문에 설계의 변화에 따른 설계예가의 변동, 그리고 실제 공사 수행을 위한 비용들[2]이 상호 연동하여 최적의 방안을 구하게 된다.

---

2 설계예가가 항상 공사 수행에 필요한 실제 비용을 의미하진 않는다. 왜냐하면 각 시공사마다 보유하고 있는 인력, 장비, 역량과 경험이 다르기 때문이다.

2.2

견적의 정확도에 대해서

앞서 이야기한 것과 같이 건설사업의 견적은 "건설기간 동안 발생할, 정형화되지 못하고 현장 상황에 영향을 많이 받는 수많은 사건들을 최대한 숫자와 논리로 모사하는 것"이다. 그러니 이 모사의 결과값이 실제와 100% 맞아 떨어진다는 것은 노스트라다무스에게 물어보는 것과 같다. 따라서, 실제로는 각 활동(Activity)나 전체 사업별(Project) 단위의 예비비를 반영하고 이런 금액을 모두 포함하여 '이 선을 넘으면 별로 바람직하지 못함'이라는 기준선을 만들어 놓는 행위로 보는 것이 더 바람직하다고 생각한다.

그럼에도 불구하고, 나를 포함하여 대부분의 견적 엔지니어들은 어느 순간 어느 상황에서도 현실과 큰 차이가 없는 결과값을 내도록 주문받는다. 마치 견적업무를 공사비의 예언쯤으로 생각하고 계신 분들이 있는 것도 같다. 물론 견적한 결과물과 실제 준공 시의 공사비가 동일하다면야 좋겠지만 그것은 우연의 일치일 확률이 높다. 왜냐하면 공사 중에 발생하는 각종 상황들과 현장 직원들의 숙련도 및 상황대응 능력이 모두 공사비로 직결되기 때문이다. 만약 그런 것들이 존재하지 않고 입찰 당시의 견적가로 공사를 끝내는 것이 당연하다면 왜 건설계약이 필요하고 분쟁조정이 필요하며 그와 관련된 항목들이 항상 건설계약의 이슈로 등장하겠는가.

'이 선을 넘으면 별로 바람직하지 못함'이라는 기준선이라는 것을 부연 설명하자면 실제 견적은 공사의 예상가격(예가)을 산정하는 행위쯤으로 이해할 수 있다는 뜻이다. 실제로 하루하루의 업무상 A항목의 예산이 부족하면 B항목으로 때때로 채워지겠지만 현재 시점에서 큰 틀로 볼 때 각각 공종이나 항목의 비율 등을 예상하고 각 활동별 리스크 및 발생 시의 시간적[3]/금전적 영향력을 검토하는 분석 행위에 더 가깝다. 따라서 앞에서 말한 것과 같이 지어질 구조물의 과정을 최대한 가깝게 모사하고 이를 금액화하여 기준선을 잡는 것이 결국 견적인 것이다. 견적의 정확도에 영향을 미치는 요인 중 하나는 설계이다. 누가 견적을 수행하든 결국 이는 내역서의 형태로 귀결하는데, 내역서의 구성이나 각 항목별 수량은 설계에 직접적인 영향을 받는다. 따라서 설계가 얼마나 진행되고 있으며, 그 결과물로 나오는 내역서가 얼마나 구체적인지에 따라 견적의 정확도도 큰 차이가 발생할 수 있다. 실시설계(Detailed Design) 단계의 내역서는 도면의 상세나, 물량의 정확성 및 구체성 그리고 가설공사(Temporary work)[4]를 포함하여 도면에는 등장하지 않는 비용 등 실제로 삽을 뜨기 직전 단계 수준에 걸맞게 매우 정확하지만, 이 사업을 할지 말지 검토하는 단계에서 수행하는 사업타당성분석보고서(Feasibility Study) 내역 및 금액은 개략적인 주요 물량과 공종만 표현하기 때문에 실제와 큰 차이가 날 수도 있다. 또한 사업을 추진해볼까? 하는

---

3 시간도 결국 돈으로 환산되어야 한다.

4 건설공사에는 건설되면 영구적으로 남는 구조물과, 건설기간 동안만 설치되었다가 사라지는 구조물이 있는데, 후자를 가시설 혹은 가설공사라고 부르며 대표적으로 거푸집(Formwork)이나 비계 등이 존재한다. 대형 콘크리트 구조물의 경우 거푸집을 어떻게 반복적으로 돌려쓰느냐가 핵심이며 이런 부분에서 시공 경험이 매우 중요하다.

단계에서 지도 위에 밑그림을 그린 상황이라면 더욱 견적금액은 정확하지 않을 수밖에 없다.

그럼에도 불구하고 내부적으로는 절대 적자가 나지 않을 (그러면서도 수주를 위한 경쟁력을 확보하였거나, 사업성을 위해 적절히 낮은) 수준의 결과값을 요구받기 때문에 현재 제공받은 자료를 가지고 확인할 수 있는 모든 것을 미리 반영할 수 있도록 견적 엔지니어의 역량과 지식, 관심이 필요하다.

뒤에서도 자세히 다루겠지만, 어떤 단계에서 견적을 수행하는지에 따라서 각각 다른 견적 방식을 이용할 수 있다. 초기 사업 검토단계인 Strategic이나 Concept 단계에서는 공사 단위당 평균 기격, 에를 들어서 고속도로 KM당 얼마, 발전소 MW당 얼마와 같이 기존에 수행한 사업의 정보를 바탕으로 역산하여 접근하는 것이 일반적이다. 플랜트 공사와 같이 기자재(EPC 중 Procurement) 부분의 비중이 높은 경우 이러한 접근이 충분히 가능하고 의미 있을 수 있으나, 토목공사의 경우 (특히 지질조건의 영향을 많이 받는 Underground work) 공사 환경의 영향을 고려해야 하고, 또 해당 목적물에 요구되는 수준(예를 들어 그냥 포장만 하면 되는 도로인지, 하이패스 및 각종 스마트 시스템이 들어간 도로인지)에 따라서 공사 단위당 평균 가격이 천차만별일 수 있으니 이 결과값을 절대적으로 받아들여서는 곤란하다.

각 단계별 견적의 정확도 (Accuracy of cost estimates at different stages of the design (AbouRizk, 2002))

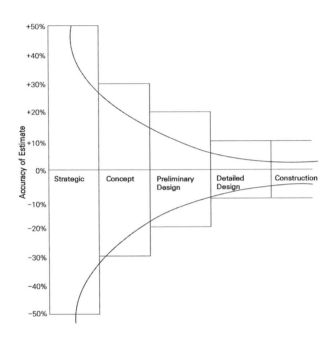

기본설계(Preliminary design) 단계가 되면, 사업타당성보고서에 실릴 정도가 되는데, 실제로 어디에 어떤 구조물이 어떻게 만들어지며, 토공(Earth work), 구조공(Structure work) 등 개략적인 주요 물량이 어느 정도 산출이 된다. 이때에 제공되는 내역도 견적하는 엔지니어 입장에서 그렇게 만족스러운 수준은 아니며 수행하는 사업별로도 그 내역서의 수준 차이가 많이 난다. 그럼에도 불구하고 최소한 견적 담당자가 생각하는 공사의 방법과 공정을 고려하여 최대한 모사할 수 있는데, 개인적으로는 이때가 견적자로서 상상력을 발휘해 볼 수 있는 단계이므로 가장 재미있다. 그 이후에 실시설계 (Detailed Design) 단계가 되면 공법 및 공정, 그에 따른 가설공사(Temporary work) 등까지 상세한 내역서가 도출되며, 해당 공법에 맞춰서 가장 최적의 견적을 수행하면 된다. 이를 토대로 공사기간 실제로 발생하는 현장 여건상 변경(설계변경 혹은 Change order)을 공사기간 동안 수시로 반영하면 준공시점에 최종 공사비인 '준공 시 원가'가 산출되게 된다.

각종 이론서에서는, 아무리 정확한 견적금액을 뽑아내었다고 하더라도, 공사기간 현장의 관리 능력이나 현지 여건에 따라서 ±5% 정도의 차이가 발생할 수 있다고 하는데, 현실에서 +5% 정도 차이가 나면 누가 견적했는지 찾으러 오는 분위기도 있으니 참 어렵기만 하다. 그래서 회사에서는 수행실적과 본사의 견적업무가 서로 보완하여 발전하길 바라는 마음에서 인력이 순환되게끔 하는데, 인사 및 기획 등 비 엔지니어 업무를 제외하고 순수하게 현장-견적업무만 순환한다고 가정하더라도 1년여의 기간 동안 견적/입찰하여 수주한 사업의 시작과 끝을 보는데 5년은 필요하니, 즉 6년을 한 사이클이라고 가정한다면, 한 회사에 근무하면서 할 수 있는 최선은 4번(24년)밖에되지 않는다. 따라서 그것만으로 모든 것을 알았다고 말하기에는 아무래도 제한적이고 특수한 경험의 집합이라고 평가할 수도 있겠다. 그래서인지 나와 같이 일했던 해외 건설사들을 보면 현장에서 시공을 하는 팀과 견적을 하는 팀이 서로 나뉘어서 해당 업무만 반복적으로 수행하는 것을 쉽게 볼 수있는 것 같다(물론 견적 엔지니어 중에서도 현장 경험이 있는 직원들이 존재하나, 순환근무를 원칙으로는 하지 않는 것 같다). 어쩌면 각 현장에서 올라오는 각종 상황 및 조치, 결과에 대한 Feed back을 회사 차원의 경험치로 이해하고, 이를 내부 전산망에 등록하며, 다시 견적에 반영하는 '시스템'을 구축하는 것이 순환근무를 통해서 한 사람 한 사람의 머릿속 경험과 지식으로 축적하고, 이를 도제식으로 유지/전파하는 것보다 더 효율적일 수 있다고 생각한다.

결국 건설은 철근을 조달하는 것부터 성능 시험을 통해 발주자에게 인도할 때까지 각 분야의 전문가들이 화합하여 만들어가는 과정의 오케스트라이므로 이 오케스트라를 지휘하는 지휘자가 모든 악기를 다 연주할 수 있어야만 하는 것은 아니라고 생각한다. 반대로 최고의 바이올리니스트가 최고의 지휘자라고 할 수는 없으며 그럴 필요도 없지 않은가 생각해본다.

2.3

공사 금액의 Hierarchy _____ 🪙

　견적이 뭔지 개략적인 큰 그림은 그려보았다. 근데 세상 모든 일이 그렇지만 숲을 볼 줄 알아야 하므로 본격적인 견적을 이야기하기 전에 현재 우리가 어디에 있는지, 숲의 어느 가장자리에 있는 나무를 조사하고 있는지 아는 것이 중요하다. 즉 공사비가 어떻게 구성되는지 이해하는 것이 가장 기본적이며 이는 실무에서도 많이 활용되는 개념이다. 물론 PF사업에서는 총공사비와 총사업비로 나누는 개념도 존재하지만 일단 지금 우리는 '견적' 업무 중이니 일단 공사비에 집중해보자. 일단, 설계예가-도급금액-실행금액-하도급금액에 대한 개념을 정확하게 하고 넘어가는 것이 좋겠다.

| Figure 2-2 | 건설공사비의 구조

```
┌─────────────────────────────────────────────────────────────┐
│ 사업을 위한 최초 예산(정부예산 혹은 개발사 예산)                        │
├──────────────────────────────────────────────────────┐      │
│ 설계예가                                                │      │
├───────────────────────────────────────────────┐      │      │
│ 도급금액                                         │      │      │
├──────────────────────────────────────────┐    │      │      │
│ 실행금액                                    │    │      │      │
├─────────────────────────────────────────┐ │    │      │      │
│ 하도금액                                   │ │    │      │      │
└─────────────────────────────────────────┴─┴────┴──────┴──────┘
```

우리가 여행을 간다고 생각해보자. 가족들, 연인과 상의하면서 이렇게
이야기할 것이다. "음 이번에는 어디로 갈까?" "우리 저번에 갔던 경주 불
국사 좋지 않았어?" "거길 또 가? 이번에는 다른 데 가보자, 삼척은 어때?"
"그래 삼척 좋아! 나 어릴 때 한 번밖에 못 가봤어. 거기로 가자" 이렇게 이
야기하고 나서, 주위 사람들에게 물어본다. 어디가 좋은지, 어떻게 가면 될
지, 그때 얼마가 들었는지. 개략적인 정보를 수집해서 개략 예산을 잡는다.
100만원. 이것이 사업을 위한 최초 예산이다.

이제 100만원이라는 기준선을 잡고서 더 조사해서 금액을 구체화한다.
어디 콘도를 잡을지, 어디 식당을 가고 메뉴는 얼마인지, 어디 기념품 가게
를 방문할지, 개략적인 예비비는 얼마인지. 이렇게 조금 더 구체화한 것이
설계예가가 된다. 예를 들어 95만원이라고 하자. 실무에서는 발주자가 그린
개략적인 그림에 대해서 실시 설계에 근접한 설계업무를 수행하고 거기서
도출되는 내역을 기초로 작성한다.

그리고 나서, 여행사에 가서 우리들이 뽑은 내역과 일정을 기초로 견적을
받아본다. A사는 95만원인데 무엇이 다르고, B사는 92만원인데 무엇이 포함
되어있는지 살펴본다. 우리는 여기서 B사를 골랐다. 그럼 92만원이 도급금액
이 된다. 우리는 이제 여행사를 선정했으니 따라다니기만 하면 되는 상황.

B사 입장에서는 이제부터 시작이다. 92만원이라는 도급금액을 기초로
얼마를 남겨 이익을 볼지에 대한 싸움. 리스트에 있는 콘도나 가게가 이미

제휴되어있다면 모를까 아니면 직접 만나서 협상을 하고 최대한 합리적인 금액으로 낮춘다. 그렇게 만든 금액을 하도 금액이라고 하고 이를 80원이라고 한다면, 거기에다가 회사가 필요로 하는 내부적인 예비비나 현장사무소나 파견되는 직원 인건비 등 직접 수행할 비용 등을 포함하여 85원의 실행 금액을 만든다. 이 사업을 통해서 B사는 7원의 이익을 버는 것이다. 견적하는 엔지니어가 주로 하게 되는 일도 동일하게 이 실행금액을 작성하는 일이며, 여기에 적정 (혹은 회사에서 기준으로 제시하는) 수익을 더하여 공급금액인 92만원으로 입찰에 참여하는 것이다.

도급금액과 실행금액(즉 Overhead + Profit의 차이)을 회사 내부적으로 원가율이라고 하는데, 견적하는 엔지니어에게 요구되는 것은 견적 당시 예상하였던 이 원가율을 준공 시에도 지킬 수 있는지가 핵심이지만, 실제로 현장에서는 설계변경(Change order)이 수시로 발생하기 때문에 원하는 숫자가 그대로 지켜지기는 어렵다.

많은 분들이 PMP의 지식체계에 대한 실효성에 의문을 가지고 있지만, 개인적으로 'Cost Performance' 부분과 'Reserve'에 대한 개념을 실제로 활용하면 어떨까 하는 생각도 든다.

| Figure 2-3 | PMP에서의 프로젝트 예산 구성 (출처: PMBOK)

견적을 함에 있어서, 각 Activity에 대한 Contingency Reserve 및 Overall Contingency Reserve, 마지막으로 Management Reserve까지 분석해서 명시적으로 반영해 놓을 수 있고, 공사가 진행되는 동안 각 Reserve를 어떻게 사용할지에 대해서 현장 소장의 재량권을 부여할 수 있다면, 내역서상 개별 아이템 각각의 단가가 맞니 틀리니, 높니 낮니 하는 것보다도 더 효율적인 비용 관리가 가능하지 않을까 생각된다.

Earned Value Management나 Cost Chart도 이론적인 느낌이 강하기는 하지만 시스템으로 구현이 가능하다면 원칙적으로 수익을 제외한 실행금액인 Project Budget(TAB)을 기준으로 하되, 현장에서는 각 단가의 원가율이 아닌 Cost Base line(PMB) 혹은 BAC(Budget At Completion) 등을 달성하기 위해서 노력하는 형태로 현장 관리 정책이 진화할 수 있지 않을까?

| **Figure 2-4** | Earned Value Management (출처: PMBOK)

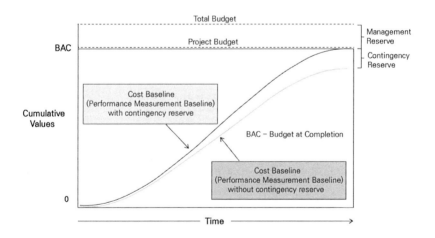

일반 도급공사(Build only) 사업에서 도급을 받은 건설사는 내역상 각 단가들이 가지고 있는 원가율이 다 다르다는 것을 이해하고 있다. 예를 들어 내역서의 모든 도급단가가 92원이고 실행단가는 85원이 아니라는 뜻이다.

어떤 것의 실행단가는 95원이 될 수도 있고, 어떤 것은 70원이 될 수도 있는 것이다. 따라서 현장에서는 95원이 되는 공종의 절대금액을 줄이는 한편, 70원이 되는 공종의 절대금액을 늘리는 방향으로 설계를 변경하여 원가율을 추가 확보하는 노력을 하는데, 이는 건설법에서도 익히 인지하고 있는 상황이고 실제로 이탈리아 Salini와 같은 글로벌한 시공사들도 같은 전략을 잘 활용하고 있다. 그래서 최초 입찰 시에 예상되는 실행금액보다 더 낮게 입찰을 하여 수주하고, 이를 설계변경을 통해서 회복하려고 노력하는 것이 Build-only 도급사의 본질이라고도 말한다.

국내 사업에서는 설계예가에 나오는 단가들을 기준으로 하기 때문에, 현실(실행 혹은 하도)에 적용하는 단가들과의 괴리가 있어 상기와 같은 접근이 수월하지만 설계예가에 대한 정보를 확보하기 어려운 해외사업의 경우, 일단 입찰 시에는 85원의 원가를 뽑아놓고 모든 단가에 7원의 마진을 붙여서 92원으로 입찰을 하기 때문에, 이론적으로는 설계변경을 통해 어떤 내역을 줄이든 늘리든 원가에는 상관이 없겠지만, 실제 하도 계약을 체결하고 착공을 하게 되면 분명 공종별로 적자나 흑자가 발생할 것이기 때문에 결론적으로는 같아진다. 이는 견적 시에 확인할 수 없었던 현장조건이라든지 시장 상황들이 연결되기 때문일 것이다. 만약 그런 모든 상황을 사전에 정확하게 이해하고 있었다면 이미 견적단계부터 적자공종의 단가는 올라가고 흑자공종의 단가는 내려갔을 테니까 말이다. 어쨌든 결국 공사 방법이 더 쉽고 수익이 남는 공종 위주로 설계변경을 하도록 하는 인센티브가 자연적으로 작동하게 된다. 그것이 현장관리 능력의 본질이기도 하다.

| Figure 2-5 | Accumulative Cost Chart (출처: PMBOK)

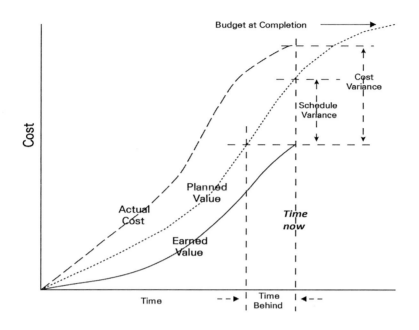

이렇게 쓰고 보니 별로 어렵지 않아 보이지만, 실제 입찰 시점에는 상대방의 전략을 알 수 없기 때문에, 마치 게임이론 혹은 Winner takes all과 같이 견적단계에서조차 어떻게 하면 적정마진을 확보한 채 견적금액을 최적화할 수 있는지에 대한 고민을 많이 해야 한다. 그게 턴키(Turnkey)나 EPC와 같이 설계와 연관이 있다면 더욱 그러하다. 개인적으로는 (확인해보지는 않았지만) 철근 견적단가 협의를 최종적으로 다시 한번 더 하지 않아 그만큼의 차이로 입찰에서 너무 아쉽게 떨어진 것이 아닌가 하는 죄책감이 남는 입찰도 있었으며, 또 다른 프로젝트에서는 너무나도 불확실한 부분이 많아서 나는 최대한 합리적으로 접근한다고 노력했는데, 사업개발하시는 분들 입장에서는 무턱대고 사업비부터 절감하려고 이상한 논리를 대는 것에 대해 분노한 적도 있다.

2.4

비용의 구조 _____ 💰

이제 같은 공사비여도 그 목적이나 상황에 따른 Hierarchy를 이해했으니, 실행내역의 상세 구성에 대해서도 생각해보자.

비용(Cost)은 기본적으로 무형의 활동(Activity)과 유형의 물건(Asset)을 측정하는 기준이다. 비록 비용(Cost)이라는 단어가 일반적으로 일종의 금전적 가치(Monetary value)와 관련되어 사용되지만, 그 뜻과 중요성에 대해서 간과해서는 안되겠다.

비용을 구성하는 요소는 이미 잘 알려진 바와 같이 재·노·경(Material, Labor, Equipment)이다. 각각의 요소들이 결합하여 무형의 활동(Activity)이나 유형의 물건(Asset)으로 어떻게 바뀌는지를 이해하기 위해서는 이를 구조화하여 이해하는 것이 필요한데, 가장 일반적인 구분은 직접비(Direct Cost), 간접비(Indirect Cost), 고정비(Fixed Cost), 변동비(Variable Cost)의 구성이다.

하지만 건설공사는 제조업과 달리 장기간에 걸쳐 단일 상품(구조물)을 만들어내는 행위이고, EPC 계약에서는 공사기간 동안 발생하는 모든 비용을 추가적으로 반영해야 하기 때문에 고정비/변동비보다는 직접비/간접비로 구분하는 것이 더 일반적이다.

직접비는 말 그대로 직접적인 영향을 미치는 비용을 의미하며, 쉽게 "아, 이 돈은 여기에 쓰이는 것이지" 하고 구분할 수 있는 비용을 말한다. 예를 들어서 새로 나온 자동차의 문짝, 내가 쓰는 핸드폰의 액정화면, 아파트 단지에 들어간 철근 등이 직접비에 해당한다. 여기에다 건설공사에서는 가설공사(Temporary work)도 직접비에 반영된다. 가설공사와 대비되는 표현은 영구 구조물(Permanent work)인데, 이는 공사가 끝난 후에도 영구적으로 남아있는 공사 결과물을 의미하며 대표적으로는 구조물의 틀을 구성하는 철근과 콘크리트가 해당된다. 하지만 이 콘크리트를 타설하기 위해서는 반드시 거푸집(Form work)이 필요하므로, 비록 최종적인 구조물로 남아있지는 않지만 직접적으로 어디에 쓰였는지 알 수 있기 때문에 가설공사도 직접비에 반영한다.

내역서의 구성이나 의도에 따라 다르지만 제공된 내역서에 가설공사 아이템이나 물량이 반영이 되어 있을 수도 있고, 그렇지 않다면 토목기사 실기 편에서 나오는 적산문제의 가설공사 물량산출 문제를 떠올리면서 견적자가 직접 가설공사 물량을 산출해볼 수도 있다. 하지만 복잡한 가설공사일수록 결국 공정과 직접적으로 연결이 되므로, 실제 해당 구조물이 어떤 순서나 Cycle로 시공되는지가 먼저 결정이 되어야 알 수 있는 경우가 많고, 또 얼마나 반복적으로 쓰이는지에 따라서도 투입되는 원가가 다르게 책정될 수 있어서 관련 경험이나 전문지식이 있는 팀 혹은 전문가와 협업이 필수적이다. 내 경험상 이 부분은 현장에서 직접 얻은 경험으로만 알 수 있는 영역이기도 하다.

간접비는 직접비와 다르게 "이 돈은 음… 공통적으로 쓰였지"라고 느껴지는 비용을 의미한다. 현장 전체를 관리하는 현장 인력들의 인건비, 사무실, 각종 운영비용 등이 여기에 포함되고, 보험료나 세금, 보증 비용 등도 여기에 포함된다. 일반적으로 사업예산이나 설계예가, 도급금액에는 이러한 간접비가 직접비에 흩뿌려져 반영되어 있어서 실행단가와 구분되는 차이점이기도 하다. 간접비는 공사규모에 따라서 전체 공사비의 10~20%를 차지하는데, 공사규모가 작다고 해서 현장소장을 배치하지 않을 수는 없는 것처럼 필수적으로 최소한 들어가야 할 비용이 있다 보니 보통 공사규모가 작으면 간접비의 비중은 높아진다.

또한 단순하게 공종이나 규모로 산출하기보다는 사업의 특성이나 계약방식에 따라 다를 수 있음도 주의해야 한다. 예를 들어 대부분의 공사를 외주로 주는 사업과 원도급사가 직영으로 공사하는 사업이 다를 것이며, 설계비가 포함되어 있는지 여부에 따라서도 다르고, JV인 경우 공통 인건비의 기준을 어떻게 반영할지, 대규모 공사의 경우 현장의 숙소를 얼마나 잘 만들어야 할지 등등 (간접비에서만큼은 큰 차이를 보이지 않는) 국내 사업과 동일한 기준으로 해외사업까지 적용하는 것은 무리가 있다. 제비율 또한 국내 사업에서는 제도적으로 정해져 있어서 그대로 반영하여 쓰는 경우가 많지만, 해외에서는 그러한 비율들을 찾아서 반영해야 한다는 어려움도 있다.

| Figure 2-6 | PMP에서의 프로젝트 예산 구성을 EPC 비용구조로 비교한 경우 (출처: PMBOK)

2 인프라 건설기간의 돈

2.5

견적은 어떤 절차로 수행하게 될까? ⎯⎯⎯⎯⎯⎯⎯⎯ 🪙

이제 견적을 '어떻게' 하는지에 대해 큰 틀에서 이야기해보자.

견적의 시작은 설계사가 뽑아주는 내역서[5]와 함께 시작된다. 물론 견적하는 사람이 직접 물량을 산출하는 경우도 있고, 아이템만 분개(Break-down)된 설계내역서를 가지고 물량산출만 전문적으로 수행하는 적산 전문회사에게 용역을 맡겨 내역서를 완성해도 된다. 예전 싱가포르 도급공사 입찰을 보면 내역서상 아이템과 도면은 주어지는데 물량이 주어지지 않아서, 별도의 적산용역을 수행해야 하는 경우도 꽤 있었다. 그리고 나면 견적자가 직접 대표 물량을 뽑아 적산업체의 산출 물량을 검증하기도 하였다. 싱가포르 도급공사에서 발주처가 그렇게 하는 이유는 아마도 내역서상 물량(Q)이 단가(P)에 곱해지면 공사금액이 되므로 발주자가 아닌 실제 시공하는 건설사

🔖
⎯⎯⎯⎯⎯⎯⎯⎯⎯⎯⎯⎯⎯⎯⎯⎯⎯⎯⎯⎯⎯⎯⎯⎯⎯⎯⎯⎯⎯⎯⎯⎯

5 내역서는 기본적으로 아이템과 물량으로 구성되나, 아이템의 분개(Break-down)가 너무 추상적이거나 물량이 없는 등 그렇지 못한 내역서도 존재한다.

가 현실에 맞게 도출하라는 의미도 있지만, 계약적으로 본다면 발주자가 제공하는 정보에 불확실성 리스크를 건설사에게 전가[6]하고자 하는 의도도 녹아 있다고 볼 수 있다.

국내 토목사업의 경우 재정을 이용한 공공발주가 대부분이었기 때문에 조달청과 같은 주무관청이 발주자로 등장하는 경우가 많았다. 그렇기 때문에 주무관청은 내역서상의 오류를 잡고, 통일성을 확보하기 위한 설계내역서 작성방법을 만들었고 Turnkey 입찰방식 도입 전까지는 설계용역[7]과 시공업무의 발주가 원칙적으로 분리되어 있었기 때문에 설계사가 작성하는 내역서는 당연히 발주자인 주무관청의 양식을 따라야 했으며, 그대로 시공사와의 계약으로 이어졌다. 이러한 방식을 Build only 혹은 최저가 입찰방식이라고 부르는데, 설계와 내역/물량에 대한 리스크를 원칙적으로 발주자가 부담하게 된다. 시공사 입장에서는 각 내역 항목별 단가를 얼마를 넣느냐가 경쟁력이 되었고, 이미 통일되어 작성되는 내역서의 항목들에 과거 수행한 현장의 실적 단가들을 기입하여 최종 금액을 산출하였는데, 이 과정에서 금액 경쟁력을 제고하고자 전략적으로 낮은 단가를 기입하거나, 실제 시공 물량이 제공된 내역상 물량과 상이할 것을 염두에 두어 해당 단가를 수정하여 제출하는 등의 조정이 이루어졌다.

이렇게 최저가 입찰제도는 이미 만들어진 내역서를 기반으로 가장 가격 경쟁력이 있는 시공사가 수주하는 형태로 시작하였으며, 우리나라뿐만 아니라 전 세계적으로 건설사업의 입찰제도 시초로서 FIDIC에서도 1957년 Red book이 가장 먼저 발표된 이유와 연관이 있다. 내역서의 수준에 따라서, 견적자는 자체적으로든 추가 용역을 이용하든 필요에 따라 내역서를

---

6 국제건설의 분쟁 중에서는 발주자의 제공 정보가 현실과 차이가 클 때, 그로 인해 발생하는 공사비 및 공기의 지연을 발주자가 책임지게 하는데, 이를 회피하고자 도면 "information only"라는 Disclaimer를 달아서 제공하는 경우가 훨씬 많다.

7 이제는 '용역'이 아니라 '엔지니어링'이라고 부르게 되었으나, 부정적인 의도 없이 보다 익숙한 '용역'이라고 기술하였다.

더 분개해야 하는데, 보통의 경우 가설공사(Temporary work)의 수량이 누락되고 영구 구조물(Permanent work)만 있는 경우가 많아서 반드시 확인이 필요하다.

| Table 2-1 | FIDIC의 최근 발간 역사 (출처: https://www.thenbs.com) : 현재는 더 많은 개정본이 나와있다.

FIDIC contract	Year released	Notes
The (old) Red Book	First published in 1957, the fourth and final edition was published in 1987, with a supplement added in 1996.	These contracts were aimed at the civil engineering sector, as differentiated from the mechanical/electrical engineering sector.
The (old) Yellow Book	First published in 1967 with the third and last edition in 1987.	These contracts were aimed at the mechanical/electrical engineering sector.
The Orange Book	The first and only edition of this contract was released in 1995.	This was the first design and build contract released by FIDIC.
The (new) Red Book	Released in 1999.	*The Red Book* is suitable for contracts that the majority of design rests with the Employer.
The (new) Yellow Book	Released in 1999.	*The Yellow Book* is suitable for contracts that the contractor has the majority of the design responsibility.
The Silver Book	Released in 1999.	*The Silver Book* is for turnkey projects. This contract places significant risks on the contractor. The contractor is also responsible for the majority of the design.
The Pink Book	First published 2005 - an amended version was published 2006, with a further edition in June 2010.	This is an adaptation of *The Red Book* created to fit the purposes of Multilateral Development Banks.
The Gold Book	Released in 2008.	This is FIDIC's first Design-build and operate contract.

내역서 준비가 완료되면 견적자는 크게 2가지 업무를 동시에 수행할 수 있는데, 하나는 기초단가의 조사이며, 두번째는 일위대가나 복합단가를 산출하는 작업이다. 2가지 업무 모두 뒤에서 더 자세히 다루겠지만, 기초단가의 조사는 철근, 콘크리트, 덤프트럭을 하루 혹은 단위물량당 사용하는 데 드는 비용 등을 조사하는 것이고, 일위대가나 복합단가는 생산성(Q값)의 개념을 적용하여 특정한 일을 하는 데 들어가는 비용을 산출하는 행위를 의미한다.

기초단가의 조사단계부터 전체 공사에 대해 생산성을 반영한 복합단가의 산출과 같은 본격적인 견적업무를 견적자가 직접 수행할 수도 있지만, 내역서가 나옴과 동시에 이를 전문공종 단위 PKG로 전체 공사를 구분하여 하도급 견적을 요청할 수도 있다. 전문공종이라 함은 통상 토공(Earth work), 구조공(Structure work), 해상공사(Marine work) 등으로 전문적인 영역의 공사만 수행하는 하도급 회사를 의미하며, 해당 회사의 역할에 맞는 부분만 내역서에서 발췌하여 견적을 받아보는 개념이다. 따라서 경쟁력 있는 전문공종 회사의 연락처(Contact point)를 확보하는 것도 기초단가 조사만큼이나 중요하다.

하도급 견적을 받기 위한 입찰제안서(RFP, Request for Proposal)와 기초단가의 견적을 받기 위한 입찰제안서(RFQ, Request for Quotation)는 보통 같이 준비하는데, 이 두 개념을 혼용해서 사용하는 것이 일반적이다.

기초단가와 직접공사비 견적 모델이 완성이 되었다면 일단 직접공사비 작업은 완료되었고, 이제는 공사기간 동안 유지할 현장사무소 및 간접인건비, 보험료 등의 제세공과금 산출 작성이 필요한데 이를 총칭하여 간접비 견적이라고 한다. 간접공사비 견적 모델(보통 별도의 엑셀로 만든다)까지 완성되면, 1차적인 총공사비가 산출된 것이지만 사실 진짜 견적업무는 여기부터 시작이라고 해도 좋다. 마치 인프라 투자 시에 재무모델이 완성되어 제공되었다고 해서 투자검토가 완료된 것이 아닌 것처럼 말이다.

견적자는 공사기간 동안 필요한 인력과 장비의 투입계획(Mobilization Schedule)을 점검하고 최적화할 부분이나 오류가 있는 부분을 찾아 보정해야 한다. 특히 이러한 투입계획(Mob. schedule)은 노무자 숙소의 규모나 장비의 주차 및 수리를 위한 정비소(Workshop) 등 현장 실무에 다양한 영향을 주지만 놓치기 쉬운 부분이기도 하다. 전체 공사비에는 사실 큰 영향을 미치지는 않지만, 현장사무실의 규모나 사용 가능한 면적 등 물리적인 제약사항을 사전에 검토한다는 의미에서 중요하다.

마지막으로 견적자는 투자검토 시의 민감도 분석(일명 Stress Test)과 같이 각 항목의 가격 변동에 대한 영향력을 분석하고 리스크를 금액화하는 작업을 수행하여야 한다. 사실 이 부분을 위해서 지금까지의 작업을 했다고 해도 과언이 아닐 정도로 중요하다. 어느 항목이 전체 공사비에 큰 영향을 미치는지, 하도급 견적을 받았다면 어떤 업체와 중점적으로 논의를 해야 하는지, 공사 전반에 걸쳐서 어떤 리스크를 중점적으로 관리해야 하는지 등 내부 심의과정에서 핵심적인 역할을 하게 될 부분이 된다.

| Figure 2-7 | FIDIC 표준계약서 선정 방법 (출처: FIDIC.org)

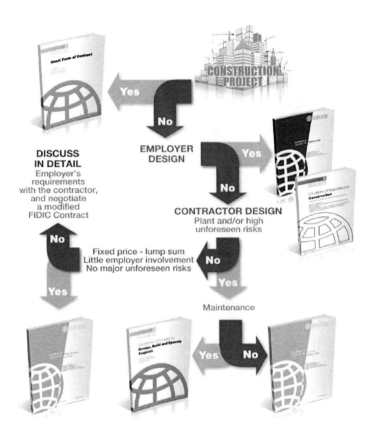

2.6

기초단가 ⬟

　견적에 있어서 가장 기초가 되고 많은 시간을 투입해야 하는 것은 기초
단가의 조사이다. 만약 유사 공종이나 현장이 현지에 있는 경우 현장에서
계약한 단가를 활용할 수도 있겠지만 신규 국가에 진출하거나, 필리핀과 같
이 섬마다 물가가 다른 경우라면 현지에서 필요한 내용을 하나씩 조사해야
한다.

　앞으로도 하나씩 구체적으로 살펴보겠지만, 기초단가는 자재, 노무, 경
비(소위 재노경)[8]로 구분할 수 있다. 자재나 경비는 각 국가의 건설자재 및 장
비의 제조/공급사로부터 견적서를 받아야 하며, 노동법이나 시장에서 통용
되는 노무비를 확보하고 이를 공사비로 반영할 수 있도록 재검토를 해야 한
다. 이러한 정보는 현지 사업개발 파트너나 도움을 줄 현지 회사를 통하는
것이 가장 수월하나 그렇지 못한 경우에는 인터넷이나 현지 지인을 통해서

8　EPC(Engineering, Procurement, Construction)의 관점에서 보면 P와 C에 해당된다.

직접 수배를 해야 한다.

　기초단가의 영역을 더 확장하면 간접비(Indirect Cost) 산출에서도 필요하다. 예를 들어, 부지 임대료나 현장 차량 구매 비용, 노무자 숙소 건설비(심지어 노무자 숙소에 들어갈 침구류, 의류 등)도 직접공사비와는 무관하지만 각 국가별 및 지역 특성에 따라 다르기 때문에 쉽게 일반화시켜 적용하는 데에는 무리가 있다. 또한 직접비를 위한 기초단가보다 더 노력이 많이 들고 조사도 어렵기 때문에 사전 준비를 해 놓을 수 있다면 더욱 좋다.

2.7

자재비 검토

자재는 보통 만들어지는 것(manufactured)보다는 구매하는 것(purchased)을 의미한다. 무슨 말이냐 하면 각목(Product)을 만들기 위해 목재(Material)를 자재로 구매해야 하며, 가구(Product)를 만들기 위해 각목(Material)을 자재로 구매할 수도 있다는 것이다. 그렇기 때문에 자재는 간단한 원자재(raw material)부터 이를 응용해서 만들어 낸 복잡한 자재까지 다양한데, 유리를 만들기 위해 실리카 샌드를 원재료로 구매할 수도 있지만, 샤시를 포함한 전체 유리를 그냥 구매해도 된다. 이는 현장 가공 능력이 얼마만큼 있는지에 따라 결정되는데, 이론적으로는 원자재를 구입해서 모두 다 만들어낼 수 있다면 중간상인의 마진이 반영되지 않아 비용을 아낄수는 있겠지만 그만큼 품질에 대한 리스크를 부담하는 것이기도 하다. 모든 자재는 필요한 때 필요한 수량만큼 구매하는 것이 가장 이상적이겠지만, 철근 가격이 갑작스럽게 폭등하거나 시멘트가 갑자기 부족하여 공사 진행이 어려울 수도 있으니, 항상 일부의 여분은 확보하고 있는 것이 바람직하다.

자재는 크게 4가지 형태로 구분할 수 있다. 1) Raw material, 2) Bulk material, 3) Fabricated material, 4) Engineered/Designed material

Raw material은 생산이나 조립단계에서 최소한의 가공이 요구되는 자재를 의미한다. 가장 직관적인 예로는 도로 공사나 콘크리트 배합에서 필요한 골재(Aggregate)가 있고, 제철을 위해서 필요한 원료탄과 철광석 등도 원자재로 분류할 수 있을 것이다.

Bulk material은 최소한의 대기(lead)시간을 거쳐서 받을 수 있는, 규격화되어 있는 자재를 의미한다. 예를 들어 철근이나 강관 등이 이에 해당된다. 따라서 구매자는 간단히 제조사에 연락해서 이미 규격화되어 있는 제품을 일괄로 구매할 수 있다.

Fabricated material은 Bulk material을 이용하여 필요에 맞춰 제작한 자재를 의미하며, 예를 들어 플랜트 건설 현장에서 쓰이는 다수의 철제 구조물로 이해할 수 있다. 따라서 이러한 자재를 만들기 위해서는 제조사나 소비자가 원하는 규격을 모두 담은 Shop drawing[9]이 필요하고, 이 정보가 사전에 제조사에 전달되어야만 하며, 제조사는 제공된 Shop drawing을 기초로 실제로 제작 가능한지를 한 번 더 검토해야 한다. 이렇게 전문적인 제조사가 등장하게 된 이유는 각 제조사마다 기본이 되는 Bulk material을 가장 경제적으로 사용하는 노하우가 있기 때문이다.

Engineered/Designed material은 펌프와 모터같이 다수의 부품으로 이루어져 있으며 요구사항이나 성능을 고려하여 전문적인 설계를 거쳐 만들어진 완성품을 의미한다.

원하는 수준 혹은 입찰서에서 요구하는 수준(Specification)에 따라 공급사/제조사에 견적 요청을 하고 나면 중요한 것이 바로 운송비이다. 이 부분은 견적에서 매우 중요하지만 때론 너무 쉽게 지나칠 수 있는 부분이다.

자재 운송에 있어서 가장 기본이 되는 것은 역시 Incoterms(International

---

9 실제 제작이 가능한 수준의 상세한 도면을 의미한다.

Commercial Terms)라고 하는 무역거래 조건이며, 이는 국가 간 무역거래에 통일적으로 적용되는 국제상업회의소(ICC: International Chamber of Commerce)에서 제정한 무역조건의 해석에 관한 국제규칙이다. 자재를 어디에서 인도받을 것인지, 현장까지 도착하는 데 있어서 구매자와 공급자의 책임이 구분되는 곳은 어디인지, 견적받은 금액이 포함하는 범위는 어디인지를 구분할 수 있게 해주는 약속으로 현재는 Incoterms 2022까지 쓰이고 있다.

Incoterms를 사용하는 이유는 200개가 넘는 나라들의 국가 간 거래(무역)에 있어서 각국의 역사, 문화와 상관습 등이 다르기 때문에 거래에 관한 규칙을 통일해야 할 필요성이 있었기 때문이며 그에 따라서 국제상업회의소(ICC)에서 Incoterms를 제정하여 국가 간의 거래 중 물품을 주고 받는 과정에서 생길 수 있는 위험과 비용의 한계를 정하였다.

| Figure 2-8 | Incoterms 2022 요약 (출처: https://www.upela.com/)

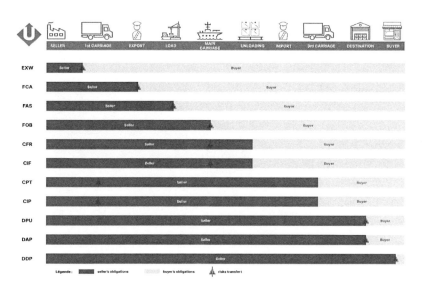

Incoterms는 어떤 운송조건에도 사용 가능한 항목들과 해상운송에서만 사용되는 항목으로 구분하거나 E, F, C, D 그룹으로 구분하기도 한다.

| Table 2-2 | Incoterms 2020의 11개 조건

구분		약자	설명
ANY MODE OR MODES OF TRANSPORT : 단일 또는 복수의 운송방식에 사용 가능한 규칙	E그룹	EXW (EX WORKS)	공장인도: 제작되는 공장에서 바로 인도받아 그 이후로는 구매자 책임
	F그룹	FCA (FREE CARRIER)	운송인 인도: 제품을 선적한 이후부터 구매자 책임
	C그룹	CPT (CARRIAGE PAID TO)	운송비지급인도: 운송비를 공급사가 부담하지만 리스크는 선적 시에 구매자가 부담
		CIP (CARRIAGE AND INSURANCE PAID TO)	운송비. 보험료지급인도: CPT에서 운송보험을 공급사가 부담
	D그룹	DAP (DELIVERED AT PLACE)	도착장소인도: 제품을 원하는 목적지까지 도달하는 부분까지 공급사가 부담
		DPU (DELIVERED AT PLACE UNLOADED)	도착지양하인도: DAP 조건에서 하역까지 공급사가 부담
		DDP (DELIVERED DUTY PAID)	관세지급인도: 목적지까지 도착하는 데 발생하는 모든 비용을 공급사가 부담
SEA AND INLAND WATERWAY TRANSPORT : 해상운송과 내수로 운송에 사용 가능한 규칙	F그룹	FAS (FREE ALONGSIDE SHIP)	선측인도: 선적을 위해 화물선 앞까지 운송을 공급사가 부담
		FOB (FREE ON BOARD)	본선인도: 화물선에 선적하는 것까지 공급사가 부담
	C그룹	CFR (COST AND FREIGHT)	운임포함인도: 선적 및 운송비용을 공급사가 부담하지만, 리스크는 화물선 난간을 넘어서부터 구매자가 부담
		CIF (COST INSURANCE AND FREIGHT)	운임. 보험료포함인도: CFR에서 해상운임 포함

경험상 견적을 받아보면 토목공사에서 사용되는 자재는 대부분 항공운송보다는 해상운송을 위주로 하기 때문에 EXW, FOB, CIF, DDP 조건으로 견적이 접수되는 것이 일반적인데, 견적자 입장에서는 육/해상 운송을 고려하면 DDP조건으로 견적을 받는 것이 유리하나 그만큼 공급사가 부담하는

리스크가 커져서 가격이 높아진다. 반면 EXW 조건일 경우는 가격이 저렴하나 운송에 대한 부분까지 견적해야 하는 부담감이 존재하게 된다. 만약, 공급사의 상황 등 어떠한 이유로 DDP 조건의 견적이 불가능한 경우, 견적자는 해상 및 육상운송에 대한 견적을 단가에 포함하여야 하는데, 이때 아래의 항목을 놓치지 말고 검토하여야 한다.

- 컨테이너로 오는지 Bulk로 오는지
- 가장 가까운 컨테이너 혹은 벌크 항구는 어디인지
- 컨테이너는 몇 ft의 크기로 오는지
- Bulk로 오는 경우는 부피로 단가를 측정해야 하는지 무게로 측정해야 하는지
- 하역비(Unloading Cost), 항구 내 운송비(Port Handling Charge)는 얼마인지, 즉 하역 이후에 현장으로 운반해줄 운송구에 다시 상차할 때까지 발생하는 비용이 얼마인지
- 관세는 얼마인지, 통관하는 데 발생하는 부수적인 비용과 소요 시간은 얼마나 되는지, 대행 가능한지
- 육상 및 해상운송을 위한 보험료는 얼마나 드는지
- 항구로부터 현장까지 육상운송을 위한 비용은 얼마가 소모되며, 운송 Route는 어떻게 되는지, 사전 조사가 필요하지는 않는지

상기의 내용은 해상물류 혹은 육/해상 물류를 담당해줄 운송업체(Forwarding 회사, 우리나라의 경우는 현대상선, KCTC, 대한통운 등)의 견적을 통해서 구체화하여야 하는데, 특히 항구 내에서 발생하는 비용 및 체류 기간은 경험을 통해서만 확인이 가능한 부분도 있어 현지에서 실제로 통관을 해본 경험이 있는 회사와 이야기하는 것이 합리적이다.

경험상 쉽게 간과하거나 생각보다 구체적인 검토가 필요한 부분은 운송 단가의 산정과 육상운송 Route의 검토였는데, 이를 위해서 가장 먼저 파악

해야 할 것은 운송해야 할 자재의 규격과 단위, 그리고 그 자재를 운반할 운반장비의 규격이다. 간단하게 말해서 골재를 운반한다고 하면 골재는 kg 혹은 ton과 같은 무게 단위로 견적을 받을 수 있고, 운송비도 트럭이나 골재운반선을 이용하여 kg이나 ton당 단가로 산출할 수 있다. 골재 1kg당 100원이고, 이 골재를 25톤 덤프트럭으로 운반 시 1ton당 1만원이라고 한다면, 우리가 최종적으로 반영해야 할 골재 1kg당 단가는 운송비인 10,000/1,000 = 10원/kg을 더한 110원이 될 것이다.

반면 철근도 견적은 kg이나 ton당으로 계산되는 Bulk성 자재이지만, 이 철근이 규격화되어 있는 15m 단위인지, 혹은 특수 제작된 이상/이하의 단위인지에 따라서 운반할 수 있는 장비와 한 묶음당 규모가 다를 것이다. 만약 일정 길이 이상의 철근을 운반해야 한다면, 더 긴 차량이 필요할 것인데, 특장차의 경우는 하루 사용비(일대)가 더 비싸지만 더 많은 물량을 옮길 수도 있다. 만약 현장가공을 하지 않고 공장에서 가공된 결과물만 수령한다고 하면, 한 번에 트럭에 적재할 수 있는 패키지(PKG) 구성에 따라 운송비가 다를 수도 있다.

| Figure 2-9 | 철근의 운반 (출처: JMS rebar 홈페이지)

예를 들어, 특장차를 이용해 20m짜리 철근을 10ton 옮기는 데 하루 50만원을 지불해야 한다면, ton당 5만원의 운송비를 책정할 수 있고, 반면 일반 차량을 이용하여 15m짜리 철근 5톤을 운반하는 데 30만원을 지불해야 한다면, ton당 6만원의 비용을 지불해야 한다.

이렇게 직관적으로 계산할 수 있는 상황이면 오히려 낫지만, 이를 컨테이너로 옮긴다고 한다면 이야기가 또 달라질 수 있다. 컨테이너는 20ft 혹은 40ft로 규격화되어있으며, 아무리 가벼워도 만약 컨테이너 안에 들어가지 못한다면[10] 비용이 더 발생할 수 있다. 이러한 개념은 CBM(Cubic Meter)을 통해서 이해할 수 있다.

| Table 2-3 | 일반적인 Dry Container 규격

구분	길이	폭	넓이	CBM
20ft (Dry)	5.8m	2.3m	2.3m	30.682
40ft (Dry)	12m	2.3m	2.3m	63.480

물 1㎥의 무게가 1ton인데, 간단하게 생각해서 물보다 비중이 가벼운 물체는 부피로, 물보다 무거운 물체는 무게로 이해하면 된다. 예를 들어서 동일한 30CBM의 의자와 작은 금속상자가 있다고 한다면, 의자는 금속상자보다 가볍지만 부피를 더 차지하기 때문에 30CBM을 차지하는 것이고, 작은 금속상자는 부피는 적게 차지해도 무게가 더 나가므로 같은 규격인 30CBM으로 계산되는 것이다. 해상운송의 경우 CBM과 ton 중에서 더 높은 값을 기준으로 하는데, 물보다 비중이 높은 액체가 아닌 이상 CBM이 ton보다 더 나가는 경우는 없으므로 결국 CBM으로 귀결하며 CBM x 요율로 운송비가 책정된다.

---

10 통상 판매사는 이러한 부분을 고려하여, 자기들의 제품이 값이 최대한 저렴한 컨테이너에 적재가 가능하도록 packing할 수 있게 만든다.

| Figure 2-10 | 컨테이너 종류별 특징 (출처 : https://www.mordenfreight.com)

SEA CONTAINER SPECIFICATIONS

Dry Cargo Containers

Type	Container Weight			Interior Measurement				Door Open	
	Gross (kg)	Tare (kg)	Net (kg)	Length (m)	Width (m)	Height (m)	Capacity (m)	Width (m)	Height (m)
20 ft	24,000	2,370	21,630	5.898	2.352	2.394	33.20	2.343	2.280
40 ft	30,480	4,000	26,480	12.031	2.352	2.394	67.74	2.343	2.280

CHARACTERISTICS
Manufactured from either Aluminium or steel, they are suitable for most types of cargo / general cargo.
Aluminium containers have a slightly larger payload than steel, and steel containers have a slightly larger internal cube

Refregerated Containers

Type	Container Weight			Interior Measurement				Door Open	
	Gross (kg)	Tare (kg)	Net (kg)	Length (m)	Width (m)	Height (m)	Capacity (m)	Width (m)	Height (m)
20 ft	24,000	3,050	20,950	5.449	2.290	2.244	26.70	2.276	2.261
40 ft	30,480	4,520	25,960	11.690	2.250	2.247	57.10	2.280	2.205

CHARACTERISTICS
Recommended for delicate cargo. Bottom-air delivery system ensures refrigerated cargo reaches its destination
in optimum condition.

Open Top Containers

Type	Container Weight			Interior Measurement				Door Open	
	Gross (kg)	Tare (kg)	Net (kg)	Length (m)	Width (m)	Height (m)	Capacity (m^3)	Width (m)	Height (m)
20 ft	24,000	2,580	21,420	5.629	2.212	2.311	32.00	2.330	2.263
40 ft	30,480	4,290	26,190	11.763	2.212	2.311	65.40	2.330	2.263

CHARACTERISTICS
Allowing cargo to be loaded from the top, open top containers are particularly suitable for bulky cargo such as machinery
They are fitted with a PVC tarpaulin cover and attachable bows with cable sealing devices. The container doors can be

Garment Containers

Type	Container Weight			Interior Measurement				Door Open	
	Gross (kg)	Tare (kg)	Net (kg)	Length (m)	Width (m)	Height (m)	Capacity (m^3)	Width (m)	Height (m)
20 ft	24,000	2,240	21,760	5.898	2.352	2.394	33.20	2.343	2.280
40 ft	30,480	3,885	26,595	12.031	2.352	2.394	67.74	2.343	2.280

CHARACTERISTICS
Use for all kinds of garment. The containers are specially designed for garment product and related industry.
There are some options of using a string or bar system or a combination of both. The containers allow increased flexibility,
greater load internal Capacity and savings on transportation and handling cost.

High Cube Containers

Type	Container Weight			Interior Measurement				Door Open	
	Gross (kg)	Tare (kg)	Net (kg)	Length (m)	Width (m)	Height (m)	Capacity (m^3)	Width (m)	Height (m)
40 ft	30,480	3,980	26,500	12.031	2.352	2.698	76.30	2.340	2.585
45 ft	30,480	4,800	25,680	13.544	2.352	2.698	86.00	2.340	2.585

CHARACTERISTICS
With high cube containers, you gain an extra foot in height compared with general-purpose containers. Ideal for light,
voluminous cargo or bulky cargo. These extra volume containers come in steel and aluminium.

Flat Rack Containers

Type	Container Weight			Interior Measurement			
	Gross (kg)	Tare (kg)	Net (kg)	Length (m)	Width (m)	Height (m)	Capacity (m^3)
20 ft	30,480	2,900	27,580	5.624	2.236	2.234	27.90
40 ft	34,000	5,870	28,130	11.786	2.236	1.968	51.90

CHARACTERISTICS
Flatracks are especially suited to heavy loads or cargo that needs loading from the top or sides, such as pipes
and machinery. There are collapsible and non-collapsible containers with or without walls. Manufactured from steel.

EXW이나 FOB로 견적을 받아 운송비를 검토하기 위해서는, 자재가 어떤 상태로 Packing되는지, 통상 어떤 기준으로 운송 계약을 체결하는지, 선적되는지 등 공급사와의 논의가 필요하다.

육상운송은 상대적으로 수월하다. 보통 트럭이나 트레일러를 사용하는데, 각 운송구가 운반할 수 있는 단위가 어떻게 되는지 검토하고, 운반하는데 걸리는 시간(상차부터 운반, 하역 이후 다시 상차하는 지점으로 돌아오는 데 걸리는 Cycle)을 검토하여 하루 몇 대가 필요한지, 한 대당 하루에 얼마의 비용을 지불해야 하는지 등을 검토하면 된다. 또한 육상 운반 Route에 대한 추가적인 검토도 필요하다. 특히 우리나라와 같이 산길이 많고 길이 곧지 않거나 낙후된 지역에서 풍력의 Blade나 발전소 주기기와 같이 더 작게 분해해서 운반할 수 없는 주요 자재의 경우, 운반 Route상에 있는 주요 교량의 허용하중이나 도로의 곡률 반경 등 동선상의 주요 포인트에 대한 사전 점검이 필요하다. 통상 현지 육상운송 업체를 활용하거나 주기기 업체가 직접 검토하기도 하는데, 만약 원하는 운송 Route가 확보되지 않으면 가설 도로를 세우거나 교량 보강공사를 위해 필요한 비용을 자재비나 공사비에 반영해야 한다.

이런 비용을 자재비에 반영하는 이유는 해당 자재를 현장까지 반입하는데 드는 전체 비용을 비교하기 위함이고, 반대로 별도의 공사비로 나눠야 하는 이유는 회계상 현장까지 운송하기 위해 발생하는 추가비용은 감가상각 대상이 아닐 수도 있기 때문이다. 당연히 이러한 운반은 승용차를 주행하는 것과는 비교도 안되게 천천히 진행되므로, 통상 해당 도로를 사용하기 위해서는 경찰당국과 같이 공동도로를 관리하는 정부기관과의 사전 협의 및 허가가 필요하며, 특히 주거지역 등을 지나가는 경우 민원에 대해서도 신경을 써야 한다.

| Figure 2-11 | 풍력 Blade의 운반 (출처: https://thailand-construction.com/, https://tallbloke.wordpress.com/)

　　자재의 관리는 견적보다는 실제 현장 운영에서 중요한 부분이다. 자재의 비효율적인 배치는 비효율적인 동선을 만들어 작업속도나 생산성, 안전 측면에서 많은 영향을 미치기 때문이고, 이를 고려하여 추후에 효율적인 배치를 하고자 한다면 견적한 금액외 추가적인 비용이 발생할 수도 있기 때문이다. 자재를 어디서 하역하여 어디에 일부가 적치되고, 더 남은 여분은 어디에 둘지, 관리하는 동안 자재의 품질이 변하지 않도록 어떻게 관리할 것인지 등 전반적인 관리 비용까지 고려가 되어야 올바른 견적이라고 할 수 있다. 이는 Pre-cast concrete를 만들어야 하는 현장 제작장에서 특히 중요한 부분인데, 아래의 사항들은 너무나도 당연한 것이지만 자재 관리 원칙으로 이해하면 좋을 것 같다.

- 자재 운반을 위한 동선은 가능한 짧게 한다.
- 자재를 운반하는 것이 목표이므로, 대기시간을 최소화하여야 한다.
- 자동화된 방법이 가능한 경우, 될 수 있는 한 수작업은 피한다.
- 최대한 한 번에 많은 수량을 운반하는 것이 경제적이다.
- 자재들은 서로 호환이 가능하여 언제든 교차해서 사용할 수 있어야 한다.

　　같은 Pre-cast Concrete를 제작한다고 하더라도 인건비가 높은 국가에서는 제작비 최적화를 위해서, 되도록 자동화나 모듈화 비율을 높이는 데 신경을 쓰게 된다. 즉 각 나라의 인건비 수준을 고려하여 가장 최적의 방법을 찾아야 한다는 의미이다.

이는 생각보다 중요한 부분이다. 우리가 표준품셈을 가지고 견적을 수행한다는 것은 한국인 기준 생산성과 숙련도 혹은 통상적인 공법을 기준으로 함을 가정했다는 것이므로, 이러한 전제조건을 다른 나라 프로젝트 견적에 곧이곧대로 적용하면 안 된다. 같은 콘크리트 구조물에 철근 작업을 하더라도 인력을 동원하여 하나하나 체결하는 방법이 합리적인 나라가 있을 수도 있지만, 인건비 절감을 위해 Roll-mate 형태의 철근을 설치하는 방법이 더 현실적인 곳도 존재한다. 이런 신 공법을 적용하기 위해서는 배근 설계 단계에서부터 고려해야 하며, 적용 가능한 부분과 그렇지 못한 부분을 조화롭게 구분하여 작업장을 구성하는 고민이 견적을 수행하는 데에도 필요하다.

| Figure 2-12 | 철근 Roll-mat 공법 (출처: https://theconstructor.org/)

2.8

노무비 혹은 인건비의 산정

코로나가 촉발한 급격한 경제상황의 변화 및 4차 산업혁명 등 세상이 변하는 것과 맞물려 최저임금이나 주당 근무시간 등 사업주가 지급해야 할, 혹은 피고용인이 받아야 할 이 '월급'이라는 것이 (언제나 중요했지만) 중요한 이슈 중 하나인 것은 분명하다. 여전히 매년 최저임금에 대한 논쟁이 이어지고, 기본소득이라는 개념도 등장하고 있는 것을 보니, 한 사람의 인건비는 개인의 가처분소득을 넘어 한 나라의 구매력과 연결되는 것이라는 점이 실감이 난다.

월급을 받는 나도 연말정산을 할 때나 이직을 위한 서류를 제출할 때 확인하는 원천징수액과 매월 내 통장에 찍히는 돈이 얼마인지가 참 중요하다. 결국 그 돈으로 담보대출의 원리금도 내야 하고 우리 딸을 위한 선물도 사야 하고, 가끔 가족 식사에서도 한턱 쏴야 하니까 말이다. 물가가 올라가는 것은 보고 싶지 않아도 뉴스에 나오니 보기는 하는데, 내 월급은 안 오르는 것 같아서 다들 부캐니, 재테크니, 세테크 등 다양한 방법으로 월급 이상의 무엇을 노리는 것 같다.

건설도 결국은 사람들의 월급을 주기 위한 행위라고 생각한다. 공사를 1차적으로 수주하는 원도급사의 직원들 월급부터, 철근을 판매하는 회사의 직원 월급, 그리고 현장에서 하루하루 지급하게 되는 일당 등, 결국에는 이 사업을 통해서 먹고 살아가기 위해서일 것이다. 비록 전체 공사비를 재노경으로 분리해보면 선진국이든 개발도상국이든 불문하고 노무비가 차지하는 비중이 장비나 자재에 비해서 상대적으로 적기는 하지만 그럼에도 불구하고 견적(특히 해외사업의 직영 공사를 위한 견적)을 한다고 하면 현장에서 하루하루 지급하게 될 일당의 산정은 간단하지만은 않다.

노무비의 산정은 결국 최저임금 이상을 지급해야 할 사업주의 입장을 가정해보는 것과 동일하다. 해당 국가에서 법적으로 지급해야 할 최저시급뿐만 아니라 제도적으로 고용주가 지급해야 할, 각종 사회보장제도상 납입 금액도 있다. 또 현장이 주거지와 멀리 떨어져 있는 경우 원격지 근무를 위해서 제공해야 할 각종 편의비용(버스비나 항공료 혹은 숙소나 식사 등)도 결국 인건비에 포함된다. 여러분이 각 회사에서 연봉계약을 할 때, 해당 연봉계약서에 포함되어 있는 항목들이 무엇인지를 고민하는 행위가 바로 노무비 산정과 관련이 있다고 할 수 있다.

| Figure 2-13 | 연도별 최저임금 결정현황 (출처: 최저임금위원회)

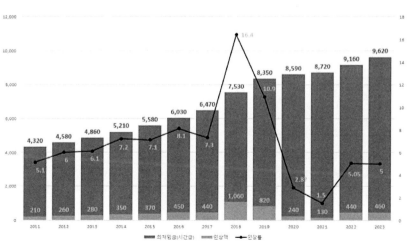

노무비를 산정하는 데 있어서 가장 처음 해야 할 일은 본 사업을 위해서 필요한 직종(Job title)이 무엇인지, 그리고 그들이 근무할 작업시간이나 교대조(Shift)를 어떻게 구성할지 등 기준선을 설정하는 것이다.

작업반장(Foreman)이나 기능공(Skilled Worker), 일반 노무자(Common worker 혹은 Un-skilled worker)를 기준으로 하루 8시간을 적용하는 것이 가장 일반적이다. 하지만 공기를 맞추기 위해서는 2시간의 추가 잔업을 고려할 수도 있고(물론 법으로 정해진 추가 수당을 반영하여), 터널현장의 경우는 24시간 진행이 될 수도 있다. 혹은 실제 작업을 하루 4~6시간밖에 할 수 없는 잠수부(Diver)나 전문 기계공(Mechanic) 등 보다 전문적인 인력이 필요할 수도 있다.

직종의 경우, 공사의 종류나 현장 여건에 따라서 다르므로 만약 익숙한 공종이라면 내부적으로 사용하는 견적Tool을 통해서 미리 직종 리스트를 산출해놓을 수도 있지만, 만약 그렇지 못한 단계라면 작업반장(Foreman), 기능공(Skilled Worker), 일반 노무자(Common worker/Un-skilled Worker)로 단순화하여 접근하고 추후에 세부적으로 구체화하는 방법도 가능하다.

어떤 나라의 경우, 우리나라의 품셈과 같이 그 나라의 품셈상 작업자들을 Level 1~Level 7로 구분하는 경우도 있어 미리 이런 자료를 확보할 수 있으면 유리하다.

| Figure 2-14 | 대한건설협회가 제공하는 직종별 시중노임단가 (출처: 대한건설협회)

Ⅲ. 개별직종노임단가

(단위 : 원)

번 호	직 종 명	공표일 2022.9.1	2022.1.1	2021.9.1	2021.1.1
1001	작 업 반 장	191,344	189,313	182,544	180,013
1002	보 통 인 부	153,671	148,510	144,481	141,096
1003	특 별 인 부	192,375	187,435	181,293	179,203
1004	조 력 공	162,577	160,048	153,674	152,740
*1005	제 도 사	207,792	194,662	188,233	186,251
1006	비 계 공	269,039	262,297	254,117	247,977
1007	형 틀 목 공	246,376	242,138	230,766	226,280
1008	철 근 공	240,080	236,805	229,629	228,896
1009	철 공	211,415	209,189	202,032	200,155
1010	철 판 공	193,615	188,181	185,232	181,604
1011	철 골 공	216,712	214,374	207,346	205,246
1012	용 접 공	238,739	234,564	230,706	225,966
1013	콘 크 리 트 공	235,988	227,269	220,755	215,145
1014	보 링 공	199,921	199,076	193,659	191,340
1015	차 암 공	189,031	185,264	174,178	173,250
1016	화 약 취 급 공	226,437	223,097	207,145	206,294
1017	할 석 공	208,344	200,625	195,374	189,028
1018	포 설 공	192,239	183,371	-	172,935
1019	포 장 공	232,804	225,104	215,034	212,761
1020	잠 수 부	323,830	322,115	295,409	285,645
1021	조 적 공	233,781	222,862	219,340	217,664
1022	견 출 공	227,145	218,209	209,167	199,735
1023	건 축 목 공	242,631	237,273	225,210	224,657
1024	창 호 공	234,564	224,380	219,260	217,409
1025	유 리 공	229,105	221,409	211,036	205,044
1026	방 수 공	191,620	184,934	176,933	174,334
1027	미 장 공	239,846	237,304	228,820	228,423
1028	타 일 공	253,427	247,079	234,370	230,160
1029	도 장 공	235,799	229,273	217,123	213,676
1030	내 장 공	222,738	217,517	211,250	206,253
1031	도 배 공	199,187	192,426	188,914	185,814

작업시간과 교대조(Shift)는 해당 나라의 노동법 혹은 노조가 결정한 기준선의 영향을 받는다. 우리나라의 경우 법정근로시간인 40시간과 최대 초과근무시간 12시간을 합해 주말 포함 주당 52시간을 넘을 수 없게 되어있다. 하지만 또 어떤 나라는 주중 법정 최대 근로 시간은 35시간이지만 양자 간의 합의가 우선하거나, 1주에 근무할 수 있는 최대 시간이 60시간이 될 수도 있다. 또 어떤 나라는 노동법상 하루 9시간을 기본 근무시간으로 하기도 한다. 물론 OECD가 제공하는 자료처럼 선진국으로 갈수록 일반적으로 작업 가능한 시간은 감소하는 경향이 있다.

| Figure 2-15 | '17~'22까지 각 나라별 연간 평균 근무시간 (출처: OECD 홈페이지)

그럼에도 불구하고 이 자료를 견적에 직접 사용할 수는 없고, 결국 노동법을 보거나 건설 노조에서 제공하는 자료를 확인해야 한다. 많은 국가들이 국제노동기구(ILO)에 가입하고 기본적인 수준의 노동 조건을 유지하려고 노

2 인프라 건설기간의 돈

력하지만 실제 현장에서는 잘 지켜지지 않아서[11] 하루 10시간을 근무하여도 법적으로 문제가 없을 수도(혹은 일거리가 있다고 작업자가 더 좋아할 수도) 있고, 또 어떤 국가에서는 각 노동조합끼리 연대하여 노동법에서 정한 최소 근무 조건보다 더 강한 자기들만의 기준을 만들어 사용하는 경우도 있다.

한 명의 근로자가 작업할 수 있는 시간은 결국 견적기준에 포함되는데, 이 1일 작업시간이 중요한 이유는 바로 생산성과 연결되기 때문이다. 발주자가 정부건 민간사업자이건 결국 시공사가 원하는 만큼 공기를 넉넉하게 줄 가능성은 적기 때문에, 당초에 예상하지 못한 현장 여건 등으로 인해 1일 8시간이 아닌 16시간, 24시간의 작업이 필요할 수도 있다.

만약 현장의 어떤 작업을 하는 데 있어서 공기를 맞추기 위해 1명에서 하루 10시간씩 7일(이를 70 man-hour라고 한다)을 작업해야 한다면, 1명은 8시간까지밖에 일하지 못하니 나머지 2시간을 작업할 인력 1명이 더 필요하다.

나도 그랬었지만 견적하는 과정에서 다른 곳에 혹시 들어갔을 각종 예비비를 절감하고 최적화된 견적금액을 얻기 위해서 1인 1시간의 급여에 70을 곱해주는 경우도 있다. 하지만 작업인원이 많아지거나 현지의 노조가 강성이라면, 실제로 하루에 고용해야 할 인원은 10시간/8시간/명 = 1.25명이 아니라 2명이어야 하는데, 결국 한 사람 분의 숙소, 식대 등 최적화되지 못한 비용이 발생할 수도 있다.

휴일에는 추가수당이 발생하니 2명씩 하루 16 Man-hour로 70man-hour/16man-hour/day = 4.375일 작업하여 7일보다 하루이틀 더 공기를 단축하면 되는 것이 아니냐라고 한다면 맞는 논리이지만 NATM 터널과 같이 장비와 인력을 더 많이 투입한다고 공기가 비례하여 감소하기 어려운 공종도 있으니 상황에 따라 다르게 적용해야 한다.

---

11 국제금융기구의 자금이나 선진국의 개발펀드로 진행되는 사업의 경우, 현지의 관행과는 무관하게 해당 금융기구에서 선정한 최소 작업환경을 유지하는 것을 의무화하는 사례도 많다.

직종과 하루 근무시간을 결정하였으면, 이젠 각 직종별 노무자가 받는 금액을 알아내야 한다. 이는 노동조합의 대표를 만나 알아볼 수도 있고, 현지 건설사/하도급회사나 시공 경험이 있는 협력업체를 통해서 알아보거나 전문 인력 공급업체(Man power supplier)의 견적을 받아보는 것도 좋은 방법이 된다. 정보를 획득한 방법이야 어쨌든, 각 노무자가 실제로 받아가는 돈 (Salary to worker's pocket, 즉 가처분소득)[12]을 알게 되면 여기서부터 노동법 등을 참고하여 세부적인 검토를 시작할 수 있다.

실제로 통용되는 단가를 사용하는 것도 좋지만, 실제 인건비에 영향을 미치는 각종 요소들을 세부적으로 검토하기 위해서는 한 번쯤 이러한 노무비 Table을 작성해 볼 것을 추천한다. 노무비 Table을 만드는 순서는 다음과 같이, 노동법상 최소임금으로부터 고용자가 최종적으로 지급해야 할 돈까지 순서대로 추가하면 된다. 다만 1개의 직종(Common worker)이더라도 주간작업자, 야간작업자, 주말작업자, 교대조(Shift) 작업자 등등 작업 형태에 따라 추가수당(Allowance)이 붙는 기준선이 달라질 수 있으니, 별도의 항목으로 구분할수록 유리하다. 왜냐하면 이는 견적을 완료하고 민감도를 분석하는 단계에서, 해당 작업자가 얼마나 투입되는지, 전체 사업비에서 차지하는 비중이 얼마나 되는지 등을 확인하여 최적화하는 과정에서 활용할 수 있기 때문이다.

---

12 매달 내 월급 통장에 찍히는 돈을 말하며, 조사과정에서 수집된 임금 수준이 고용인이 지급해야 할 돈인지, 아니면 노무자에게 지급되는 돈의 총액인지, 아니면 노무자가 부담해야 할 각종 사회보장제도를 제외하고 실제 노무자 통장에 찍히는 돈인지 명확히 해야 한다.

| Figure 2-16 | 인건비 구조

고용자가 피고용자의 고용/작업을 위해 지급해야 할 서비스/비용 (Final Salary)
(노무자를 위한 주거비, 교통비, 식대를 월급에 반영할 것인가 아니면
간접비의 일부로서 Canteen 운영비나 통근버스, Camp를 운영할 것인가)

고용인이 법적으로 피고용인을 위해 지급해야 할 항목 (Salary for Employer)
(사회복지기금, 4대보험 등 고용주지급분)

피고용인이 법적으로 시출해야 할 항목 (Salary to worker)
(개인소득세, 4대보험의 개인지급분)

작업형태에 따라 법적으로 지급해야 할 추가수당
(Salary to worker's pocket with allowance)
(Shift, 야간작업, 주말, 지하작업, 위험 작업 등)

각 작업자가 통상적으로 받아야 할 임금
(Salary to worker's pocket)
(혹은 노조가 원하는 기준선)

노동법상 최소임금
(Minimum Salary)

앞서 언급한 'Figure 2-14 대한건설협회가 제공하는 직종별 시중노임단
가'와 같이 우리나라에도 참고할 만한 기준이 있지만, 이는 말 그대로 '시중
(市中)'단가이고, 최저임금에다가 각종 비용을 추가하여 상기와 같이 만들어
진 소위 '적정(適正)'단가는 아니라는 의견이 있는 것도 사실이다.[13]

국외로부터의 노동력 수입 없이 우리가 현장의 일당으로 한국에서 적당
히 살 수 있는지를 가늠할 적정단가와 다르게 시중단가는 국외로부터의 노
동력 수입을 포함하기 때문에 이 정도로는 충분하지 못하다는 것이 핵심으
로 보인다.

일부 회사에서는 시중노임을 '기본급'이라고 설정하고 여기에 제수당(기
본급의 성격을 가지지 않는 시간 외 수당 및 휴일 수당 등), 상여금(기본급의 연 400%),

---

13 사실 이 부분도 경제학에서 케인즈의 유효수요 개념과 연결된다. 이는 미국 후버댐은
경제 회복에 도움이 되었지만, 일본의 토목공사 정책은 실패한 이유이고, 또 현대에
점차 로봇화, 모듈화되는 건설산업에도 의미가 있는 개념이다.

퇴직급여충당금(월급의 1/12)까지 더하여 이를 하루 작업시간(8시간)으로 나누어서 적용하기도 하지만 이 역시 임시방편으로 생각된다.

어떻게 보면 이러한 논의는 결국 점점 초고령사회가 가속화되는 우리나라의 인구구조 및 경제성장에 따른 소득 증가에 기인한 것으로, 점점 3D업종에서 활동하는 한국국적의 노동력은 감소하고 있는 문제와 궤를 같이한다고 생각된다. 싱가포르에서 아침에 출근을 하다 보면, 1톤 트럭 같은 작은 트럭 뒤에 앉아서 현장으로 출근하는 사람들을 쉽게 볼 수 있다. 싱가포르는 언제나 공사 중이라서 그런 걸까? 일단 외모로 봤을 때는 싱가포르 사람은 아닌 것 같았다. 싱가포르에서 수행되는 사업의 건설비를 구성하는 시중단가는 아마도 이분들의 인건비로 결정될 확률이 높은 것이다. 우리나라도 비슷하다. 우리나라 현장에서도 베트남어나 중국어로 된 위험안내 간판을 쉽게 볼 수 있기 때문에 시중단가와 적정단가 사이에 차이가 존재하는 것 같다. 결국 우리나라가 선진국으로 진입할수록 3D업종에 진출하는 사람들은 줄고 반대로 실제 현장에서 꼭 필요한 '숙련'된 목공 기능인분들은 이런 기술을 전수할 젊은 한국인이 없다고 아쉬워한다는 이야기가 쉽게 들린다.

이러한 문제는 비단 우리나라나 싱가포르를 비롯한 아시아의 문제만은 아니다. 내가 독일-덴마크 소재의 프로젝트에 참여하는 동안에도 동일하게 느꼈던 부분이다. 독일의 경우, 일반적으로 소위 마이스터(도제)제도를 통해서 바로 산업에 투입이 가능한 전문 인력들을 양성하는 제도가 잘 정착해 있으며, 이를 통해서 어떤 직업을 구하더라도 소득의 차이가 크지 않기 때문에 소득불균형도 크지 않다고 인식하고 있다. 하지만 내가 실제 독일의 직업학교에 가서 해당 건설현장에서 근무할 인력의 수급에 대해서 회의할 때 독일 직업학교의 담당자들로부터 이제 독일의 젊은 인력들이 대학으로 많이 진학하려고 하지, 직업학교로 진학하는 경우는 점점 감소하고 있어서, 해당 지역내에서 해당 프로젝트를 위한 충분한 인력의 수급은 어려울 것이라는 솔직한 의견을 들었다. 그 빈자리는 인근의 동유럽국가(예를 들어 폴란드 등) 노동력이 채우고 있다.

| Figure 2-17 | 독일의 교육제도 (출처: 교육부 네이버 블로그)

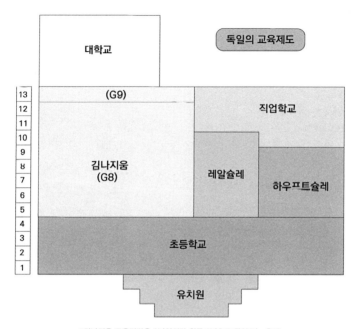

*김나지움 교육기간은 9년이지만 최근 8년으로 줄어드는 추세

흥미로웠던 부분은 독일-덴마크 경계에 있는 양국 재정사업으로서 본 사업의 발주목적 중 하나가 해당 지역의 균형 발전을 위해 양국의 노동력을 최대한 현지에서 조달하는 것이었고, 따라서 입찰자인 우리는 양쪽 노동시장을 동일하게 조사하였지만, 독일의 경우 앞서 말한 것과 같이 솔직한 의견을 준 반면, 덴마크의 경우 (독일보다 인구수가 1/10밖에 되지 않기에 이미 기대하지 않아서 그런지는 몰라도 생각보단) 긍정적인 의견을 제공했다는 점이다.

어쨌든 각 나라별로도 인구구조와 제도에 따라서 동일한 프로젝트를 통해 기대하는 효과가 다를 수도 있다는 생각이 들었다. 덴마크의 경우 프로젝트 비용의 상당부분을 부담하지만 북유럽과 중앙유럽을 연결하는 통로로서의 기대가 컸으므로 노동력과 관련된 부분의 기대는 낮은 반면, 독일의 경우는 그렇지 않기 때문에 보다 노동력 시장에 관심이 있을 것으로 기대했었지만 현실과의 괴리가 존재했던 것 같다.

| Figure 2-18 | 독일-덴마크 경계에 있는 침매터널 사업 (출처: https://www.new-civilengineer.com/)

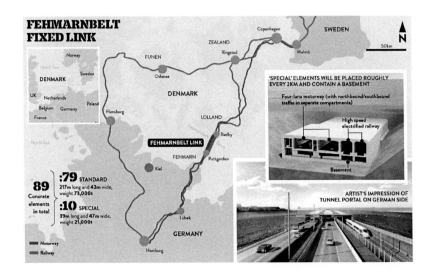

2.9

노무비 혹은 인건비 산출 시 추가 고려사항 $

앞서 언급한 것과 같이, 총사업비에 포함되는 노무비에는 주거비, 식비, 교통비 등 월급만 있는 것은 아니다. 이건 너무 당연하게도 우리가 새롭게 회사에 들어가기 위해서 연봉 및 복지 협상을 할 때 새롭게 옮기게 될 지역의 주거비 지원이 있는지, 학자금 지원이 있는지, 단독으로 부임하는 경우에 교통비나 식비 지원은 있는지 등을 따져보는 것과 동일할 것이다.

그렇다면 그 기준은 어떻게 될까? 국내 사업의 경우 아무래도 출퇴근이 가능하거나 인근 도시의 주거시설을 이용할 수도 있으니 참고할 만한 사례가 많이 있을 것이지만, 해외의 경우에는 천차만별이다. 특히 인상적인 것은 발주처의 요구사항으로 숙소(Camp)나 노무자에 대한 복지의 수준을 지정할 수도 있다는 점이다.

이러한 요구는 해당 국가 내 노조의 요구사항일 수도 있고, 법으로 정한 복지기준일 수도 있다. 또한 민간자본을 통해 진행되는 사업이라면 대주가 요구하는 조건일 수도 있는데, 특히 IFC와 같은 국제금융기관은 그 설립

목적상 개발도상국의 발전을 유도하고자 단순히 주거용 구조물을 건설하는 것 외에, 특별한 요구조건이 추가될 수도 있다.

내가 경험했던 재미있는 사례 중 하나는 발주처에서 RFP를 발표할 때부터 Accommodation Requirement라고 노무자 및 직원의 숙소(Camp)에 대한 구체적인 요구조건 및 Layout을 제시했던 것이다. 아래는 그 내용 중 일부이다.

- Pre-fabricated된 1~2층짜리 일반적인 건물일 것
- Fence가 설치되어 있어야 하며, 모든 접근은 중앙통로를 통해서 통제할 수 있을 것
- 전자 카드 등을 통한 시스템으로 접근이 통제가 될 것
- 자전거는 숙소 지역 전체에서 허용되어야 하며, 시설은 주단위로 청소가 되어야 할 것
- 숙소는 1인실이며 최소 10㎡일 것

이 사업 역시 해당 국가의 재정사업이었는데, 복지를 우선시하는 문화와 강한 노조가 이런 요구조건을 일종의 표준(Standard)으로 만든 문화가 작용한 것으로 이해된다.

| Figure 2-19 | 발주처가 제시한 숙소 단면 (출처: 저자)

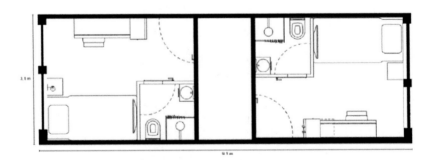

2 인프라 건설기간의 돈

| Figure 2-20 | 발주처가 제시한 숙소 단지의 구성 (출처: 저자)

Accommodation unit

Size: 9,1 x 3,1 x 3 m
Construction: 2 apartments connected
               by a hallway
Accommodation: 2 apartments x approx. 10,5 m^2
               with separate toilet/shower

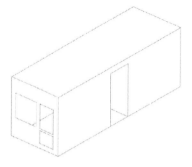

Accommodation Block

Size: 36 x 9,1 x 6 m
Construction: 21 apartment units
               2 staircase modules
               1 service module
Accommodation: 42 apartments

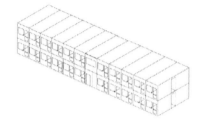

Accommodation Quarter

Size: 50 x 47 m
Construction: 4 accommodation blocks
               Common room
               Covered outdoors area
               Green court yard
Modules: 84 accommodation units
               8 staircase modules
               3 common modules
               4 service modules
Accommodation: 168 apartments

실제로 견적을 제출하였던 Camp 설치업체의 실적을 확인하고자 인근 사업장을 방문하였을 때도, 비슷한 수준의 구조물을 사용하고 있었다. 이러한 경우에는 Camp 구조물 자체에 대한 가격경쟁력을 확보하기보다는 효율적이고 경제적인 운영이 가능한 경험 많은 Camp 운영업체를 잘 고르는 것이 필요한데, 대규모 사업이어서 그런지 이런 서비스를 제공하려고 하는 회사들이 생각보다 많았다.

| Figure 2-21 | 현지 Camp 설치업체가 실제 설치한 사례 (출처: 저자)

　　한편, 개발도상국에서는 사회환경 및 인식 자체가 열악하여 우리의 관점에서는 "와, 저런 곳에서 어떻게 살지?" 하지만 그게 그 나라의 표준인 경우도 존재한다. 해당 국가 재정사업으로 진행한다면 이러한 이슈가 부각되지 않지만, 국제금융을 사용하는 경우에는 대주의 요구조건에 맞춰서 보다 높은 수준으로 건물을 지어야 할 수도 있다. 세계은행(World bank)의 경우에는 Environmental & Social framework(ESF)와 Environmental & Social Standard(ESS)라는 자체 기준을 2018년부터 제정하여 유지하고 있는데, 지속 가능한 발전을 위해서 근무환경이나 차별 배제, 환경변화의 완화 및 적응, 생물학적 다양성 및 사회 안전 등을 개선하고자 한다는 뜻이 담겨있다. Standard 중 ESS2를 통해 노무자와 작업환경에 대한 기준을 제시한다. 내가 관여했던 사업에서도 대주였던 국제금융기구가 가설도로 건설에 필요한 노무자 숙소에 대해서 유사한 요구조건을 제시하였는데, 공사환경이 너무 열악해서 최대한 노력하는 수준으로 타협했던 기억이 있다.

해당 공사 지역 자체가 워낙 험난하고 가파른 계곡 옆이었고, 인근에 평지가 없어서 현장사무소를 설치할 위치도 마땅치 않은 상황이었다. 거기에 노무자 숙소까지 건설해야 하니 위치 선정이 애매하였는데, 현지인들에게 들은 바로는 최종적으로 설치된 곳이 지진 발생 시 낙석 등의 위험이 있는 곳이었다고 한다. 아니나 다를까 2014년 네팔 대지진이 발생하고 나서 큰 인명 피해를 입은 곳 중에 하나도 바로 당시 숙소가 있던 곳이라고 하니 안타까움이 더했다.

| Figure 2-22 | 세계은행이 제안하는 환경사회 가이드라인(ESS) – 근로 작업환경
　　　　　　　　(출처: 세계은행)

GUIDANCE
NOTE FOR
BORROWERS

Environmental &
Social Framework
for IPF Operations

ESS2:
Labor and
Working
Conditions

2014년 네팔 대지진이 있은 몇 년 후에 내가 방문했을 때도 여전히 파괴된 현장사무실이 그대로 있었는데, 그럼에도 불구하고 인간의 개발욕구는 본능인 것인지 사업의 정상화를 위한 노력은 지속 중이었다.

국제금융기관이 이러한 사회적 인식과 환경의 개선을 요구하는 것은 어쩌면 좋은 명분이고 당위성이라고 생각한다. 투자를 통해서 이러한 상황이 보다 빨리 '개선'되게끔 하는 것이 국제금융기관의 설립 목표였을 테니깐 말이다. 또 한편으로는 현실에 맞는 수준으로 진행해야지 너무 자신들 기준에 맞춰서 급작스런 변화를 요구하는 것이 정당한 것인가 하는 생각도 든다. 그때그때 상황에 맞춰서 적용해야겠지만, 내가 아는 기준이 만국공통은 아닐 수 있다는 것은 꼭 기억해야 하지 않을까?

관련하여 '적정기술'이라는 개념이 있다. 그 나라에 맞는 수준의 기술을 이전해야지, 너무 높은 수준의 기술을 전수하거나 환경에 걸맞지 않은 것을 제안해봤자 결국 활용도 안되고 쓸모없다는 개념이다. 한편으론 적정기술이라는 이름으로 '그 상태 그대로' 머물게 할 뿐 실제적인 발전에 도움이 되지 못한다는 의견도 있다. 항상 그렇지만 그 중간이 가장 어려운 것 같다. 다만 그 나라 사람들에 의한 점진적인 인식개선이 우선이 되어야 하지 않을까? 하는 생각이 들기는 한다.

| Figure 2-23 | 지진 발생 이후 몇 개월 뒤에 확인한 현장사무소 (출처: 저자)

| Figure 2-24 | 지진 이후 복구 공사를 위해 다른 지역에 설치된 노무자 숙소 (출처: 저자)

21년에 국내 대표 시중은행 모두 적도원칙의 가입을 마쳤다. 이제 시중은행 내부적으로 적도원칙을 준수하는 사업에만 금융지원이 가능한 것이다. 선언적으로 ESG로 나아가겠다는 것 외에 명시적인 기준들이 생긴 것이다. 이 적도원칙에 보면 분류도 IFC의 기준을 따르게 되어있고, 비지정국가 사업을 평가하는 기준도 IFC 기준을 따르게 되어있다.

| Figure 2-25 | 적도원칙 3번째 원칙 (출처: 적도원칙 가이드라인)

EPFI는 해당되는 경우 독립 환경·사회 컨설턴트의 자문 의견을 참고하여 프로젝트가 다음과 같은 적용기준을 준수하고 있는지 평가하여야 한다.

1. 비지정국가(Non-Designated Countries) 소재 프로젝트의 경우, 프로젝트에 적용 가능한 IFC의 환경·사회 지속가능성에 대한 이행표준(Performance Standards on Environmental and Social Sustainability, 이하 "이행표준")과 세계은행그룹의 환경·보건·안전 가이드라인(Environmental, Health and Safety Guidelines, 이하 "EHS 가이드라인")(별지 Ⅲ 참조)의 준수 여부를 평가한다.

2. 지정국가(Designated Countries) 소재 프로젝트의 경우, 평가 프로세스는 환경·사회 이슈에 관한 소재국의 관련 법률, 규정 및 인허가 사항의 준수 여부를 평가한다.

| Figure 2-26 | 적도원칙 별지에 기술된 IFC 이행표준 개요 (출처: 적도원칙 가이드라인)

별지 Ⅲ: IFC의 환경·사회 지속가능성에 관한 이행표준과 세계은행그룹의 환경·보건·안전 가이드라인

적도원칙에서 원칙 3의 "당시 적용되는 기준"이란 IFC 지속가능성 프레임워크의 2개 개별 부분을 뜻한다.

1. IFC 이행표준(Performance Standards, PS)

2012년 1월부터 적용되고 있는 이행표준[18]은 다음과 같다.

PS1 - 환경·사회 위험과 영향의 평가 및 관리
PS2 - 노동 및 노동 환경
PS3 - 자원효율성 및 오염방지
PS4 - 지역사회 보건, 안전 및 보안
PS5 - 토지 취득 및 비자발적 이주
PS6 - 생물다양성 보전 및 자연 생물자원의 지속가능한 관리
PS7 - 원주민
PS8 - 문화유산

사실상 투자등급(BBB+) 이하의 개발도상국 인프라 개발사업에 자금을 지원할 수 있는 상업자금이 거의 전무한 것을 고려하면, 이러한 정량적이고 명확한 기준이 설립되었다는 의미는 앞으로 국제금융기구의 기준으로 세계를 통일하겠다는 의지라고 생각이 되어 소름이 끼치기도 한다. "이게 정답이야, 따라오면 돼" 하는 느낌이다.

앞서 언급한 것과 같이 개발도상국의 노무자 숙소 같은 요구사항과 현지 실정을 동시에 고려한 타협점을 찾아내겠지만 앞으로 이러한 부분을 간과해서는 절대 안 된다는 것이 견적하는 사람에게든 개발하는 사람에게든 중요한 부분이라는 것은 명확하다.

2.10

경비 혹은 장비비의 산정 ⎯⎯⎯⎯⎯⎯⎯⎯⎯⎯⎯⎯⎯⎯⎯ (⑤)

일반적으로 토목공사에서 장비비라 함은, 공사기간에만 일시적으로 사용하는 건설장비를 논하는 경우가 대부분이다. 국내의 경우에 덤프나 굴삭기 같은 통상적으로 많이 쓰이는 건설장비가 충분하기 때문에 하루 혹은 한 달 단위로 임대하는 비용을 산출하는 것이 쉽지만, 개발도상국이나 대규모의 토목공사가 벌어지는 곳에서는 실제로 이정도 규모나 수준의 건설장비를 동원할 수 있는지에 대한 확인 없이 시장에서 통용되는 단가를 넣는 것은 그 단가의 적정성뿐만 아니라 현실적으로 조달 가능한지의 측면에서 보기에도 적절한 접근은 아니다.

국내에서 매년 개정되는 표준품셈은 건설장비의 원가를 1) 시간당 손료와 2) 주연료비 및 잡재료, 3) 운전원이나 신호수와 같은 노무비로 구성한다. 자체적으로 장비를 구매하고 운영해본 경험이 많은 회사는 주연료 및 잡재료, 정비비에 대한 정보가 풍부하기 때문에 회사 상황 및 현장 운영계획에 맞는 견적이 가능하지만 그렇지 못한 회사나 해외에서 장비를 구매해야 하는 입장에서는 표준품셈에 의존하는 경우가 많다.

여기서 시간당 손료는 세부적으로는 경제적 내용연수와 연간표준가동시간, 상각/정비/관리비율로 분리되는데, 이는 각 장비에서 경제적 내용연수 및 평균취득가격(품셈에서는 CIF기준으로 산정한다)을 기준으로 시간당 얼마의 상각비와 정비비, 관리비가 발생하는지를 표로 만든 것이다. 여기에 각종 상황을 고려하여 증감을 할 수 있도록 되어있는 구조이다.

| Figure 2-27 | 콘크리트 믹서의 기계경비 (출처: 2022 표준품셈)

(4205) 콘크리트 믹서

분류 번호	규격 (㎥)	내용 시간	연간표준 가동시간	상각 비율	정비 비율	연간 관리 비율	시 간 당(10⁻⁷)			
							상각비 계수	정비비 계수	관리비 계수	계
4205-0010	0.10	7,000	890	0.9	0.75	0.1	1,286	1,071	682	3,039
0017	0.17	7,000	890	0.9	0.75	0.1	1,286	1,071	682	3,039
0020	0.20	7,000	890	0.9	0.75	0.1	1,286	1,071	682	3,039
0030	0.30	7,000	890	0.9	0.75	0.1	1,286	1,071	682	3,039
0040	0.40	7,000	890	0.9	0.75	0.1	1,286	1,071	682	3,039
0045	0.45	7,000	890	0.9	0.75	0.1	1,286	1,071	682	3,039

[주] ① 동력이 포함되어 있다.
② 손료는 타이어 경비가 포함된 것이다.

장비의 감가상각은 장비비를 구성하는 핵심적인 부분이다. 해외 프로젝트를 위해서 장비 견적을 받게 되면, 자재비 검토에서 보았던 것과 같이 CIF나 DDP 조건으로 견적을 받게 되고 실제 육상운송에 있어서는 일반적으로 트레일러 등을 이용해야 하므로 국내 표준품셈과 같이 단순히 CIF 기준의 가격을 적용할 수 없다. 따라서 실제로는 해당 장비가 현장에 딱 도착할 때까지 발생하는 각종 비용(운반비, 관세 등등)을 반영하여 산출이 되면, 이 가격(상각의 대상 금액)을 기준으로 상각비를 산정해야 한다.[14]

---

14 이 금액은 결국 회사의 유형자산이 얼마이며 앞으로 얼마동안 상각되는지를 결정하는 부분이기 때문에 각 회사의 회계기준/정책에 따라 달라질 수 있다. 때로는 장비를 현장으로 반입하는 데 드는 비용을 장비의 원가로 포함시키지 않고 순수하게 운반비를 제외한 구매가만 상각의 대상이 된다.

국내 품셈을 기준으로 하는 경우, 통상 구매가(상각의 대상 금액)의 10%를 경제적 내용연수 이후의 잔존가로 가정하고 90%의 금액을 내용시간으로 나누어서 시간당 상각비를 정한다. 여기서 쓰이는 상각법을 정액법이라고 한다.

| Figure 2-28 | 정액법과 정률법

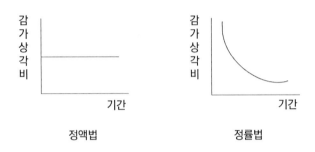

정액법   정률법

나는 이 부분이 견적하는 데 있어서 인건비 기초단가를 만드는 것만큼 중요한 부분이고, 견적을 처음 접하는 입장에서도 이 부분에 대한 충분한 이해가 있는 것이 좋다고 생각한다.

| Figure 2-29 | 덤프트럭의 기계경비 (출처: 2022 표준품셈)

(0602) 덤프트럭

분류 번호	규격 (ton)	내용 시간	연간표준 가동시간	상각 비율	정비 비율	연간 관리 비율	시 간 당(10^{-7})			
							상각비 계수	정비비 계수	관리비 계수	계
0602-0025	2.5	7,500	1,250	0.9	0.8	0.14	1,200	1,067	700	2,967
0045	4.5	7,500	1,250	0.9	0.8	0.14	1,200	1,067	700	2,967
0060	6	7,500	1,250	0.9	0.8	0.14	1,200	1,067	700	2,967
0080	8	8,000	1,250	0.9	0.8	0.14	1,125	1,000	695	2,820
0105	10.5	10,000	1,250	0.9	0.7	0.14	900	700	679	2,279
0150	15	10,000	1,250	0.9	0.7	0.14	900	700	679	2,279
0200	20	10,000	1,250	0.9	0.65	0.14	900	650	679	2,229
0240	24	10,000	1,250	0.9	0.65	0.14	900	650	679	2,229
0320	32	10,000	1,250	0.9	0.65	0.14	900	650	679	2,229

[주] ① 규격은 적재중량을 말한다.
② 타이어는 운전경비에서 별도 계상한다.

| Figure 2-30 | 품셈에서 정리된 장비의 취득가 및 시간당 손료, 주연료 소모량 (출처: 2022 대한건설협회 건설기계의 기계경비 산출표)

[대한건설협회 월간 거래가격]

www.cmpi.or.kr

기 종	분류번호	규 격	건설기계가격 (천원)	시간당 손료(원)	주연료 (ℓ/hr)	잡 재 료 (주연료의 %)	초종원 (인/일)	초수 (인/일)	건설기계 조장 (인/일)
0602 덤프트럭	0602-0025	2.5ton	20,105	5,965	2.9	38	1	-	-
	0602-0045	4.5ton	23,471	6,963	5.0	38	1	-	-
	0602-0060	6.0ton	25,648	7,609	8.0	38	1	-	-
	0602-0080	8.0ton	34,188	9,643	9.3	38	1	-	-
	0602-0105	10.5ton	47,865	10,908	14.1	38	1	-	-
	0602-0150	15.0ton	83,251	18,972	15.9	38	1	-	-
	0602-0200	20.0ton	116,463	25,959	20.0	38	1	-	-
	0602-0240	24.0ton	135,919	30,296	23.0	38	1	-	-
	0602-0320	32.0ton	193,038	43,028	29.1	38	1	-	-

우선 상각비부터 보자. 여기 우리가 흔히 볼 수 있는 15톤 덤프트럭이 있다. 대한건설협회에서 제공한 자료에 따르면 CIF 기준 취득가는 83,251만원이며, 경제적 내용시간은 10,000시간, 연간표준가동시간이 1,250시간이므로 내용연수는 8년이다. 상각비율은 0.9, 즉 90%이므로 취득가의 90%를 8년간 상각하면 연간 9,365만원이다. 단순히 상각계수를 취득가로 곱해서 시간당 상각경비를 구할 수도 있다. 즉 83,251만원 x 900×10^{-7} = 7.49만원이다. 상각계수가 900×10^{-7}으로 쓰여있는 이유는 상각비율 0.9를 내용시간 10,000시간으로 나눈 값이기 때문이다. 상각비의 비중은 1/3 이상이기 때문에 어떻게 산정하는지도 중요한데, 결국 경제적 내용연수가 얼마나 될지, 상각의 대상금액의 기준이 무엇인지 그리고 잔존가치 10%를 유지할 것인지 등에 따라서 달라진다.

한편, 품셈에서 규정하고 있지 않은 장비이거나 TBM과 같은 특수한 장비의 경우, 품셈을 이용하지 않고 공사종료 후, 해당 장비를 얼마에 되팔 수 있는지를 기준으로 그 차액만큼을 공사원가에 넣을 수도 있다. 이런 경우 준공시점 혹은 해당 장비가 더 이상 사용되지 않는 시점의 시장가를 예측하는 것이 매우 중요한데, 이는 내외부적인 보고서나 조사, 합의 등을 통해서 결정하거나 제조사에게 해당 장비를 재구매(Buy-back)하도록 요청하는 방법이 있다. 보통 제조사는 해당 장비에서 다시 사용할 수 있는 모터 등 구동구만 되사겠다는 소극적 제안을 하여 재구매 가격이 최초 취득가에 비해서 현저하게 낮은 경우가 많다. 한 가지 유념해야 할 점은 이렇게 차액만을 공사원가에 넣는다고 끝이 아니다. 일부 입찰서에는 해당 공사가 어떠한 사유로 인해 더 많은 물량을 처리해야 할 경우 설계변경에 따른 공사비 증액을 보다 쉽게 검토하기 위해서 Unit Rate만 따로 받는 경우가 있는데, 해당 장비가 쓰이는 공종 단가에 적절하게 배분해야 한다.

다음은 운영비이다. 장비를 운영하는 데 드는 대표적인 비용은 당연히 유류비이다. 앞으로는 전기로 움직이는 중장비가 늘어나겠지만 견적할 때는 동일하게 접근할 수밖에 없다. 품셈에서는 시간당 얼마의 리터의 경유(혹은 중유나 휘발유)를 사용하는지 명시하고 있으며, 윤활유와 같은 추가적인 잡재료를 주연료 대비 몇% 비율로 사용하는지로 아주 간단하게 명시하고 있다.

토공이나 운반장비의 경우, Q값이나 Cycle을 계산하여 쉽게 실제 운영하는 시간을 도출할 수 있는 반면, 때때로 혹은 유사시에만 사용되는 장비는 그러지 못한 경우가 대부분이다. 따라서 장비가 가동이 되든 되지 않든 투입되는 시간을 기준으로 연료 소모량을 곱하여 도출하면 과도하게 유류비가 산정될 가능성이 있다.

실제로 장비 제조사를 만나서 해당 장비의 평균적인 시간당 유류비를 물어보면 대답은 십중팔구 "장비를 얼마나 숙련된 사람이 운영하는지, 공사의 난이도가 어떠한지 등등 현장 여건에 따라서 너무 차이가 난다"는 답변을 받을 것이다. 따라서 시간당 연료비는 실제로 장비를 운영해본 데이터가 충분한 경우 이를 기초로 하거나, 아니면 품셈에서 제시한 방법을 이용하는 것이 일반적이다.

다만 주의할 것은, 현장에서 장비를 구매하여 이용하는 경우 혹은 장비를 리스로 구매하여서 리스 장비대 하루/한 달의 유류 비용이 포함되어 있지 않은 경우 현장에 연료 공급을 위한 시설이 필요하다는 점이다. 견적의 막바지에 전체 장비의 운영 일정이 작성되고, 어떤 특정 장비를 몇 달 혹은 며칠을 운영할지 정리가 되면 이와 연동되어서 매달 필요한 연료비가 계산이 되는데, 가장 많이 소모되는 시점을 기준으로 현장에서 설치해야 할 유류저장고의 규모나 연료 공급계획을 간접비로 반영해야만 한다.

이를 자재비로 반영할지 연료비로 반영할지는 견적자가 판단할 문제이지만, 경험상 이를 장비비에 녹여서 견적하게 되면 사용되는 연료의 규모를 바탕으로 판단해야 할 문제(부지나 연료 탱크, 연료 수급 계획) 등을 철저하게 분석할 수 없으므로 차라리 분리하여 간접비에 반영하는 것이 낫다고 생각한다.

연료 공급사와 미팅을 통해서 연료의 단가 및 공급 일정에 대한 견적을 받을 수 있는데, 보통 이런 commodity와 관련된 회사와 미팅을 하는 경우 우리가 필요한 물량을 항상 재고로 보관하고 있지 않기 때문에, 구매자인 우리가 작성한 공급 일정이 필요하다고 한다. 이를 통해서만 자기들이 얼마에 공급 가능한지를 견적할 수 있기 때문이다. 대규모의 유류가 필요한 경우에는 현장에다 직접 주유소를 설치하는 것도 가능하지만, 지진 등 천재지변이나 다른 대외변수에 의해서 연료 수급이 어려운 경우를 대비하여 견적자는 자체적으로 어느 정도의 기간 동안 장비를 가동할 수 있는 여유분을 사전에 미리 반영하는 것도 좋고, 연료 공급이 어려울 시 공급사에 책임을 물을 수 있는 계약을 유도하는 것도 방법이 될 수 있다.

선진국 사업의 입찰서에서는 환경오염을 이유로 중장비 엔진의 배기가스 기준인 Tier나 EURO 기준을 활용하여 특정 수준 이상을 요구하는 경우가 있다. 즉 너무 싸기만 한 장비는 쓸 수 없다는 것이다. 만약 (노무자의 주거와 마찬가지로) 국제금융기구의 자금을 이용하여 후진국에서 사업을 진행하는 경우 대주단의 요구에 따라 이런 고사양의 장비를 현지에서 수급해야 하는데, 사실상 임대는 불가능하고 구매를 할 수밖에 없으니 장비 조달에 대해 고민을 많이 해야 한다. 성능이 우수한 장비는 보통 선진국 소재의 회사에서 만들기 때문에 결국 자국(혹은 선진국) 장비의 수출을 유도하는 것이 아닌가 하는 생각도 든다.

|Figure 2-31 | Euro 엔진별 배출량 (출처: European Environmental Agency)

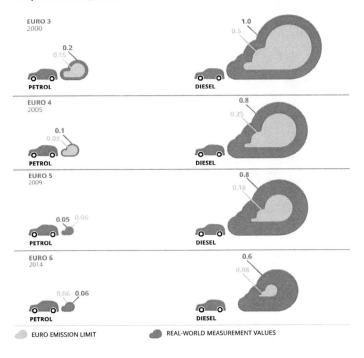

Comparison of NOₓ emission standards for different Euro classes

EURO 3
2000

0.2
0.15
PETROL

1.0
0.5
DIESEL

EURO 4
2005

0.1
0.08
PETROL

0.8
0.25
DIESEL

EURO 5
2009

0.05 0.06
PETROL

0.8
0.18
DIESEL

EURO 6
2014

0.06 0.06
PETROL

0.6
0.08
DIESEL

EURO EMISSION LIMIT   REAL-WORLD MEASUREMENT VALUES

Adapted from: ICCT, 2014a; Emisia, 2015   Nitrogen oxide (NOₓ) emissions (in g/km)

| Figure 2-32 | 각국에서 적용 중인 엔진 기준 (출처: http://bestsupportunder-
                 ground.com/)

정비비의 경우, 단순하게 품셈상 관리비 및 정비비 계수를 취득가에 곱
하여 시간당 단가를 만들어낼 수도 있다. 하지만 역시 실제로 다수의 장비
를 소유 및 운영해본 경험이 있는 회사의 데이터를 이용하는 것이 가장 좋
기는 하다.

현재 우리나라의 대다수 대형 시공사는 그러한 경험이 부재하거나 과거
의 자료만 남아있는 경우들이 있어, 결국 품셈을 이용하게 되는 경우가 많
다. 단순하게 생각해봐도 신형장비는 구형장비보다 정비비가 많이 들 것이
고, 시간이 지나 노후화될수록 손이 많이 가는 것이 일반적이므로, 신규로
구매한 장비에 품셈의 정비비를 그대로 반영하는 것은 과한 적용일 가능성
이 있다. 또한 장비의 정비비는 현장 여건 및 운전자의 숙련도, 작업 강도 등
에 따라서 천차만별이므로 특정한 장비나 현장의 정보를 범용적으로 사용
하는 것은 무리가 있다.

실제에서는 신규 장비를 구매하고 숙련된 운전원을 활용한다고 가정함으로써 상기의 내용들까지 고려하여 보수적으로 반영한다고 하더라도 견적자는 정비비 부분에 대해서 추가적으로 검토할 내용이 있는데 바로 장비비에 들어가는 총 정비비의 규모이다.

장비 이용 시간이나 일위대가상으로 정비비가 들어가 있다고 하더라도 실무적으로는 현장에 정비소를 설치하고 정비 인력을 고용하여 관리하게 된다. 즉 전체 견적금액 중 장비비에서도 '정비비'로 분류되는 금액을 구분하여 그 총액이, 정비소를 건설하고 정비 인력을 상시 운영하며 필요한 부품을 구비하고 사용하는 예상 비용과 비교할 때 적절할지를 검토할 수 있어야 한다.

또한 정비소를 설치할 공간뿐만 아니라 평시에 장비를 주차할 공간 또한 고민해야 하므로, 단순하게 장비의 시간/일/달 단위로 장비비 단가를 도출하거나 구했다고 해서 끝이 아니다. 정비소를 직접 운영하는 것이 어렵다면, 제작사가 직접 현장에 정비소를 설치 및 운영하는 견적을 추가로 받아볼 수도 있고, 아니면 리스 형태로 금액을 받아볼 수도 있다.

건설장비의 리스는 일반적인 자동차와 유사한데, 장비 제조사가 자체적으로 혹은 계열사를 통해서 장비를 구매하고, 구매자가 요구하는 기간 동안 해당 장비를 유지관리, 혹은 운전원까지 포함하여 임대하는 형식이다. 이 경우 제조사는 장비를 구매하는 데 발생하는 금융비용과 자체 경험상 필요한 유지관리 비용 등을 계상하여 임대료를 산정하므로 기간에 따라서 임대료가 달라질 수 있다. 보통 이 경우에는 유류비를 포함하지는 않는다.

2.11

견적기준 _____ 💰

    이제 재노경이라고 불리는 기초단가를 모두 정리하였으니, 본격적으로 얼마만큼의 인력과 장비가 투입되어야 하는지 산출하기 위한 기본작업이 필요한데, 이를 보통 견적기준이라고 한다.

    견적기준은 사실 기초단가의 정리와 같이 진행하는 것이 좋다. 왜냐하면 기초단가를 정리하기 위해서는 하루 작업시간이나 어떤 직종이나 장비가 쓰일지도 같이 고려가 되어야 하기 때문이다.

    작업일수는 단순히 노무자의 1일 근무시간이라고 생각할 수 있지만, 한편으로는 발주처가 제안하는 공기 내에 실제로 완공이 가능한지를 판단하기 위한 지표이기도 하다. 공기 내 준공이 가능한 공정표를 만들어야 하며, 동시에 그러한 작업시간이 노동법을 준수하는지도 같이 고려해야 하기 때문이다.

    기본적으로 작업일수는 해당 국가의 공휴일과 국경일, 계절적인 영향 등을 고려하여 월별로 작업 가능한 시간을 산출한 뒤, 이를 월 평균으로 계산한다. 하지만 평일이라고 해서 모든 날에 작업을 할 수는 없는데, 이 부분을 간과하면 작업일수가 과도하게 산정될 수도 있다. 관련된 내용을 찾아보니 과거 1969년 대한토목학회지 제17권 1호에 비슷한 내용이 있다.

| Table 2-4 | 대한토목학회의 작업일수 산정 (대한토목학회지 제17권 1호)

구분	해상	육상
폭풍 (초속 10m 이상)	일수의 70%를 취함	일수의 30%를 취함
뇌전	일수의 70%를 취함	일수의 70%를 취함
기온 (섭씨 -10 이하)	일수의 50%를 취함	일수의 50%를 취함
안개	일수의 30%를 취함	일수의 30%를 취함
강설, 강우 (10mm 이상)	일수의 30%를 취함	일수의 70%를 취함

또한, 토지의 형상과 강우량 및 지속시간도 작업일수에 영향을 미칠 수 있다. 따라서 현장의 기상자료를 받아서 이를 공휴일 등과 같이 종합적으로 검토해 작업시간을 산정하는 것이 필요하다.

| Figure 2-33 | 베트남 다낭 지역의 월 평균 강수량 (출처: https://weather-and-climate.com/)

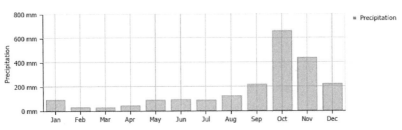

Average precipitation (rain/snow) in Da Nang, Vietnam Copyright © 2022 weather-and-climate.com

2 인프라 건설기간의 돈

| Table 2-5 | 토지 형상 및 강우량에 따른 작업일수 영향 (출처: 저자)

구분	내용
토질 형상	사질토/암반 → 자갈 및 보통토 → 점성토 → 함수율이 높은 점성토 순으로 작업일수를 감소한다.
강우량	10mm 이상으로 1일만 내리는 경우 50~70%를 반영하나, 연속되는 경우 1일로 계상한다. 30mm 이상인 경우 1일만 내리더라도 1일로 계상하며, 연속해서 내리는 경우 2일 이상으로 반영한다.

견적기준에 또 반영되어야 하는 부분은 앞서 준비한 기초단가들 중 대표적인 아이템의 단가와 대표적인 작업팀의 구성, 각 자재별 할증, 토량환산계수 등이며, 해외 견적에 있어서는 환율 기준점 또한 중요하다. 일부 프로젝트에서는 공사대금이 USD로 통일될 수도 있지만, 때로는 현지통화와 경화(Hard Currency)를 혼합하여 지급하는 경우도 있고, 이러한 비율을 제출하라고 하는 입찰서도 있다. 따라서 기초단가를 조사함에 있어 해당 대금을 어떤 통화로 지급하는지 구분해 놓는 것도 중요하다. 결국 견적이 끝난 다음에, 검토하는 환율 변동에 따른 공사비 영향 분석은 이렇게 기초단가부터 통화를 구분해 놓은 준비를 통해서만 가능하다.

| Figure 2-34 | 통화를 고려하여 기초단가를 준비한 사례 (출처: 저자)

NO	CODE	구분	ENGLISH	단위 UNIT	견적통화 Currency	국내단가 KRW	USD 1.00	NRs 109.34	KRW 1,166.00	IRS 67.80	LOCAL2 1.00	할증	견적적용 USD
적용 노임 단가													
1	L1	L	BLASTERER	인-월	NRs	160,000		2,188				100%	20.01
2	L2	L	BLASTERER_2SHIFT	인-월	NRs			2,324				100%	21.26
3	L3	L	BRICK WORKER	인-월	NRs	100,000		2,157				100%	19.73
4	L4	L	BRICK WORKER_2SHIFT	인-월	NRs			2,291				100%	20.96
5	L5	L	C/LABOR	인-월	NRs	70,000		1,385				100%	12.67
6	L6	L	C/LABOR_2SHIFT	인-월	NRs			1,483				100%	13.58
21	L21	L	FOREMAN	인-월	NRs	128,000		1,805				100%	16.51
22	L22	L	FOREMAN_2SHIFT	인-월	NRs			1,914				100%	17.50
23	L23	L	FOREMAN_KOREAN	MMTH	USD		9,087					100%	9,036.87
24	L24	L	GARDNER	MDY	NRs			1,739				100%	15.91
25	L25	L	GARDNER_2SHIFT	MDY	NRs			1,843				100%	16.86
26	L26	L	HELPER	MDY	NRs			1,530				100%	14.00
27	L27	L	HELPER_2SHIFT	MDY	NRs			1,619				100%	14.80
28	L28	L	INSULATOR	MDY	NRs			1,805				100%	16.51
29	L29	L	INSULATOR_2SHIFT	MDY	NRs			1,914				100%	17.50

| Figure 2-35 | 각 단가의 통화 비율을 고려하여 분개한 사례 (출처: 저자)

	입찰환율	USD	MATERIAL	EQUIPMENT	LABOR	TOTAL
UNIT RATE CALCULATION		AMOUNT	USD	64,331	42,927	8,214	115,472
		UNIT RATE	USD	2.99	2.00	0.38	5.37
1.00	UNIT RATE (기타통화)	USD	-	2	-	2.00
109.34		NRs	-	-	42	41.78
1,166.00		KRW	3,490	-	-	3,489.81
67.80		IRS	-	-	-	-
1.00		LOCAL2	-	-	-	-

2.12

Q값의 이해 및 공정표 _____ 🪙

    실무에서 쓰이는 Q값은 바로 생산성을 의미한다. 우리가 쉽게 품셈-기계장비 편에서 볼 수 있는 Q = XXm³/hr와 같은 표현도 있지만 운반차량의 운반속도일 수도 있고, 100m의 어떤 작업을 하는 데 있어 필요한 인력의 숫자로 표현될 수 있다. 어쨌든 결과적으로는 시간 혹은 하루당 작업할 수 있는 능력을 의미하며 실제 견적에서는 현장 경험이 필요한 부분이기도 하다.

    '디젤 해머를 장착한 전용 항타선을 이용하여 해상에 PC파일을 항타하는 경우 하루당 3~4개의 파일 항타가 가능하다!'라는 경험을 Q값으로 잡을 수 있으며, 품셈에 있는 여러 옵션을 이용하여 시간을 산정할 수도 있고 혹은 그냥 1일 펌프카 타설을 XX㎥/day라고 회사 내부 기준을 그대로 적용할 수도 있다. 돌망태형옹벽 9개를 설치하는 데 있어서 작업반장 1명과 일반노무자 3명이 3일을 필요로 한다고 할 수도 있지만, 이를 역산하여 품셈에 있는 것과 같이 돌망태형옹벽을 하루 3개씩 설치한다고 보고 이때 투입되는 인력은 작업반장 0.33명과 일반노무자 1명이라고 할 수도 있다. 사실 품셈에 있는 대부분의 표현은 이러한 논리에서 만들어진 것이다.

| Figure 2-36 |　돌망태형옹벽(Gabion) 설치를 위한 Q값 (출처: 2022 표준품셈)

2-2-3 돌망태형옹벽 설치('12, '19년 보완)

(㎥당)

구 분			규 격	단 위	수 량
석		공	-	인	0.190
특	별 인	부	-	인	0.134
보	통 인	부	-	인	0.117
굴	삭	기	0.6㎥	hr	0.281

[주] ① 본 품은 높이 5m이하의 돌망태옹벽(GABION 철망태)을 설치하는 기준이다.
　　② 철망태의 조립 및 설치, 망태석 채움, 덮개조립 작업을 포함한다.
　　③ 터파기 및 지반고르기는 별도 계상한다.
　　④ 필터매트를 설치할 경우 '[공통부문] 5-2-1 매트부설'을 따른다.

| Figure 2-37 |　펌프카를 이용한 콘크리트 타설 시 작업소요 시간 Q값 (출처: 2022
　　　　　　　　표준품셈)

3. 작업소요시간
　가. 전체작업소요시간(T) : 인력편성 노무비에 적용
　　　T = Tc + Tb
　　　　　　Tc : 콘크리트펌프차 운전시간
　　　　　　Tb : 인력에 의한 타설준비 및 마무리 시간

　나. 콘크리트 펌프차 운전시간(Tc) : 콘크리트 펌프차 운전시간 적용
　　　$Tc = (t_1 + t_2 + t_3 + t_4)/F$
　　　　　　t_1(펌프차 셋팅) : 20min
　　　　　　t_2(펌프차 마감) : 20min
　　　　　　t_3(펌프차 이동 및 재셋팅) : 30min/회당
　　　　　　t_4(펌프차 타설, min) : 기준시간×f_1×f_2×타설량
　　　　　　F(작업계수)
　　(1) 펌프차 셋팅 : 펌프차 현장진입 후 타설준비까지 소요시간
　　(2) 펌프차 마감 : 믹서트럭 마지막 차량 타설 후 차량마감 및 현장정리
　　(3) 펌프차 이동 및 재셋팅은 타설위치가 넓거나 산재하여 펌프차의 이동으로 재셋팅이 필요한 경우에
　　　 적용하며, 펌프차 작업가능 수평거리를 고려하여 재셋팅 횟수를 산정한다.
　　(4) 펌프차 타설의 기준시간은 다음을 적용한다.

따라서 단순히 품셈의 숫자들과 논리를 반영하여 견적을 하는 것보다는 때로는 "이거는 어떤 장비와 어떤 인력으로 며칠은 걸려!"라는 경험을 숫자로 표현하는 것이 더 합리적인 상황도 있다. 다만 현실적인 제약사항이 있다면 이런 것이다. 특정한 일을 끝내는 데 있어서 작업반장 1명과 일반노무자 5명, 그리고 굴삭기 1.0㎥짜리 1대로 5일이 필요하다고 하면, 현장 경험이 많으신 분들은 단순하게 작업반장 5일치 임금, 일반노무자 5명의 5일치 임금, 굴삭기 5일치 임대료 및 유류비, 그리고 운전수나 신호수 5일치 임금. 따라서 도합 얼마. 이렇게 특정 작업을 끝내는 데 드는 총액을 산출할 수도 있지만, 전체 사업 측면에서 복잡하고 다양한 공종이 있고, 견적기준을 바탕으로 통일해야 하는 견적자 입장에서는 그렇게 단순화하기가 어렵다.

따라서, 우리는 해당 일을 하는 데 필요한 것을 작업반장 5 man-day, 일반노무자 25 man-day, 굴삭기 1.0㎥의 5 equipment-day 혹은 하루 8시간을 가정하여 40 equipment-hour 이런 식으로 분리해야 하며, 이때 쓰인 기초단가들이 다른 공종에서도 동일하게 반영이 되게끔 만들어야 한다.

어쨌든 특정 및 세분화된 공종을 대표하는 Q값을 정리하였다면, 이를 토대로 공정표를 작성해야 한다. 이 공정표가 결국 견적이 끝나고 나서 여러 가지 리스크를 분석하는 데 가장 기본이 되기 때문에 매우 중요하다. 공정표는 통상 설계를 수행하는 과정에서 작성하게 되는데, 엔지니어링사가 가지고 있는 많은 경험이나 통계 등을 활용하는 경우가 많다.

뒤에 언급할 작업분개(Work Break Down, WBS)와 연계하여 여기서 중요한 점은 바로 각각의 공정표상의 작업(Work)들을 1개의 팀이 처리할 수 있는 활동(Activity) 단위로 최대한 구분해야 한다는 점이다.

이게 무슨 말이냐 하면, 다음의 Figure 2-38에서 보는 바와 같이, 엔지니어링사가 작성한 공정표는 Code와 함께 각 터널별 굴착기간을 반영하였지만, 실제로는 수 개의 터널링 팀을 구성하고, 해당 팀들이 순차적으로 그리고 동시다발적으로 작업을 할 수 있도록 구성하였다.

이렇게 되면, 견적자는 각각의 터널링 팀이 어떤 순서로 어떤 터널들을 돌아다니면서 작업할지 구성할 수 있고, 그 총 기간 동안 필요한 자원을 투입한 총액을 구한 다음에, 해당 터널링 팀이 처리할 전체 터널링 물량(내역서상 단위 고려)으로 나누어서 단가를 산출하게 되는 것이다.

| Figure 2-38 | 공정표를 분개하여 Acticity 단위로 구성 예 (출처: 저자)

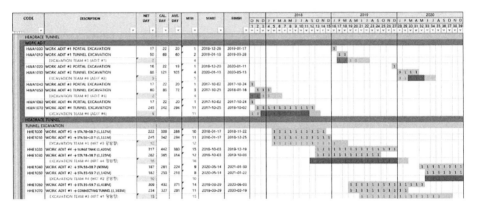

| Figure 2-39 | 같은 프로젝트의 견적기준 내 팀 구성 (출처: 저자)

3) 터널 작업조 구성

TEAM 1	DIVSERION TUNNEL + ACCEESS TUNNEL FOR DSD + DSD #1 & #2
TEAM 2	FLUSHING TUNNEL + CONNECTION TUNNEL + DSD #3
TEAM 3	ADIT & HEADRACE TUNNEL #3, #1
TEAM 4	ADIT & HEADRACE TUNNEL #4, #2
TEAM 5	AIR VENT TUNNEL + SURGE CHAMBER
TEAM 6	CABLE TUNNEL + MAIN ACCESS TUNNEL + ADIT FOR PENSTOCK + PENSTOCK & PRESSURE TUNNEL
TEAM 7	TAILRACE + DRAFT TUNNEL
CAVERN TEAM 8	TRANSFORMER CAVERN + IPB TUNNEL + CONNECITON TUNNEL
CAVERN TEAM 9	PH CAVERN

또 다른 의미로는, 물리적인 거리 등을 고려하여 공정표상 1개의 팀이 처리할 수 있는 활동(Activity)으로 구분하는 것도 가능하다. 예를 들어 서로의 거리가 상당히 먼 A, B 2개의 위치에서 각각 토공 100,000㎥와 500,000㎥를 굴삭기를 이용해 굴착해야 한다고 생각해보자. 이때 굴

삭기의 Q값이 80㎥/hr라고 한다면, 일위대가로 접근 시에 A+B의 합인 600,000㎥/Q = 7,500시간, 즉 하루 8시간이라고 가정한다면 937.5일, 즉 938일의 굴삭기 1대를 임대 혹은 운영/정비/감가상각 장비비를 금액화할 수도 있다.

하지만 실제로는 각각 굴삭기가 2대가 필요하며 A현장에서는 100,000㎥/Q = 1,250시간, 156.25일, 즉 157일의 장비비와 B현장 500,000㎥/Q = 6,250시간, 781.25일, 즉 782일이 필요하기 때문에 이 둘을 합한 157+782=939일보다 앞서 계산한 938일이 1일 적게 견적될 수 있는 여지가 있기 때문이다. 이는 A와 B현장의 조건과 Q값이 동일하다는 가정을 하였기 때문이고, 지반 상태가 다르거나 다른 장비가 필요하거나 등등 차이가 발생하면 실제로는 완벽하게 분리된 다른 팀이 필요할 수도 있다.

2.13

작업분개(WBS)와 물량산출(Take-off) _____ 💰

작업분개와 물량산출의 경우, 일반적으로 국내 사업에서는 조달청 등 국가에서 원하는 어느 정도의 틀이 있으며, 이를 기준으로 내역서와 물량이 산출되기 때문에 불편함을 느끼지 못할 수도 있다.

하지만 해외의 경우는 1식으로만 구분되어 있는 경우도 있고, 발주처로부터 제시되거나 해외 설계사가 작성한 내역서가 국내에서 사용하는 단위를 쓰지 않는 경우도 많아서 이를 '국내 내역화'하기 위한 별도의 용역을 수행하지 않는 이상 견적자의 임의 작업이 필요하다.

다음과 같이 PC박스거더로 된 교량인데 1개 거더(Girder)당의 단가가 아닌 콘크리트 물량으로 되어있어서, 최초 타설 때 들어가는 거푸집부터 설치 시에 필요한 장치까지 모두를 구분하여 산출한 후에 이를 콘크리트 물량으로 나누어야 하며, 해당 물량에 Loss가 반영되어있는지 등을 면밀히 검토하여야 하는 불편함이 존재한다.

| Figure 2-40 | 해외 내역서 예 (출처: 저자)

Bill No.700 : Structure			
701	**Concrete**		
701-01	Prestressed Concrete for Box Girder - Class A - 45Mpa	m3	15,358.81
701-02	Concrete for Pier Column P24 P25 - Class A - 45Mpa	m3	1,910.97
701-03	Concrete for Pier Column P23, P26 and Pile cap P23,24,25,26 - Class B - 35Mpa	m3	9,621.75
701-04	Concrete for link slab - Class B - 35Mpa	m3	572.11
701-05	Concrete for Abutment - Class C - 30Mpa	m3	1,164.99
701-06	Concrete for Approach Piers (Pier cap, Column and Pile cap) - Class C - 30Mpa	m3	19,459.89
701-07	Concrete for Deck Slab and Diaphragms - Class C - 30Mpa	m3	6,428.00
701-08	Concrete for Approach Slab (Bridge, Underpass and CIP box Culvert) - Class C - 30 Mpa	m3	318.73
701 09	Concrete for Parapet and Lighting foundation on Bridge - Class C - 30Mpa	m3	1,982.39
701-10	Concrete for CIP Box Culvert and Underpass - Class C - 30Mpa	m3	1,746.04
701-11	Conceret for Retaining wall - Class C - 30 Mpa	m3	1,608.18
701-12	Concrete for RC Connecting slab Abutment-Retaining wall - Class C - 30Mpa	m3	44.73
701-13	Concrete for Protection Dike frame - Class D - 25Mpa	m3	830.14
701-14	Concete for Protection Dike Plate - Class F - 15Mpa	m3	4,364.31
701-15	Blinding concrete - Class G - 10 Mpa	m3	1,011.38

　　이러한 경우 견적자는 원칙상 각 콘크리트 강도별로 생산단가 및 PC타설단가, 운반 및 거치단가를 별도로 구해야 하며, 해당 활동(Activity)이 어떠한 내역에 반영되는지 구분해야 하는데 이를 견적자가 수행해야 하는 작업분개라고 할 수 있다.

　　701-01과 701-02 내역에는 같은 강도의 콘크리트 생산 및 펌프카 타설단가가 반영이 되겠지만 PC거푸집의 형태 및 재사용 횟수 등을 고려하여 각각 다른 거푸집 견적가 및 운반, 거치 방식이 다름을 반영해야 하므로 두 내역의 ㎥당 단가는 달라질 수밖에 없다.

　　콘크리트 생산단가의 경우, 배합비별로 단가가 다르며, 타설되는 위치 및 운반 방식에 따라서도 단가가 달라질 수 있다. 또한 각 자재별 Loss도 고려해야 하기 때문에 일반적으로 콘크리트의 생산 및 운반은 토공과 다르게 각 강도별 물량을 종합한 뒤에 산출한다.

| Figure 2-41 | 전체 내역서에서 구분되어 있는 콘크리트 물량의 종합 예 (출처 : 저자)

MPA	단위	BOQ	Super T	CIP	Total
45	m3	17,270	9,830		27,100
35	m3	10,194			10,194
30	m3	32,753	302	53,701	86,756
25	m3	830			830
15	m3	4,364			4,364
10	m3	1,011			1,011

상기의 사례(Figure 2-41)는 영구구조물에 대한 물량이 나와있고, 그를 위한 가설작업 등이 필요한 경우에 해당된다면 하기의 사례(Figure 2-42)는 내역에서 보이지 않는, 그러나 시공상 필요한 부분에 대한 물량산출이 추가로 필요한 예이다. Box culvert나 관 매설의 경우 매설되어야 하는 관의 길이 혹은 전체 사업의 연장은 나오지만 거기에 연결되는 토공이 나오지 않는 경우, 입찰안내서(ITB)상의 시방서를 고려해 직접 물량을 산출할 수밖에 없다.

| Figure 2-42 | 가설공사를 포함하여 추가적인 물량산출이 필요한 사례 (출처: 저자)

Bill No.400 : Drainage			
404	Pipe Culvert and precast Box culvert		
404-01	Reinforced Concrete Pipe Culvert D=0.50 m	lm	33.00
404-02	Reinforced Concrete Pipe Culvert D=1.00 m	lm	203.00
404-03	Reinforced Concrete Pipe Culvert D=1.25 m	lm	209.00
404-04	Reinforced Concrete Pipe Culvert D=1.50 m	lm	313.00
404-05	Precast Box Culvert - 1.00 m x 1.00 m	lm	42.00
404-06	Precast Box Culvert - 1.25 m x 1.25 m	lm	45.00
404-07	Concrete for Manhole - Class E - 20Mpa	m3	56.08
404-08	Concrete for Headwall, Wingwall of Precast Culvert - Class F - 15Mpa	m3	571.94
404-09	Reinforecing steel for Manhole, Headwall, Wingwall of Precast Culvert	ton	5.07
404-10	Stone mansory	m3	373.67
404-11	Riprap	m3	2.55
404-12	Bamboo Pile	lm	86,855.00

이러한 토공을 산출하기 위해서는 토질에 따른 구배(경사)나 뒷채움을 위한 뒷채움토의 성질, L값, C값 등을 고려해야 하므로, 전체 토공계획에 영향을 줄 수 있다. 특히 사토의 경우 덤프트럭의 물동량을 증가시킬 수 있고, 만약 매설되는 연장이 길 경우, 사토위치와 평균적인 운반 개시 거리를 고려한 운반계획을 생각해야 한다.

이렇게 구체적인 부분들까지 항상 제공되면 좋지만, F/S단계의 견적에서는 어떤 흙을 써야 하는지, 이 흙을 사토해야 하는지, 전용할 수 있는지 등 금액과 관련된 판단이 어려우므로 우리가 할 수 있는 최선은 단지 이런 부분을 견적조건에 기입해 놓고, 금액의 변동 가능성이 있는 부분임을 인지하는 것이다.

| Figure 2-43 | 관 매설을 위한 단면 예시 (출처: WWW.UNI-BELL.ORG)

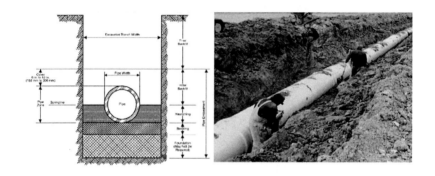

아래의 경우는 1식으로 된 내역을 분개한 사례이다. Underground Water Tank의 단위가 1 LS로 되어있어서, 이에 필요한 물량산출 및 각각의 활동(Activity)으로 연결하기 위해 구분하였다.

| Figure 2-44 | 1식으로 제공된 내역을 분개한 사례 (출처: 저자)

| CODE | | DESCRIPTION | UNIT | TOTAL | Unit Rate | Amount | REMARK |
DW	DL				DL TOTAL	DL TOTAL	
JA009D		Underground Water Tank	LS	1	-	-	SIZE (14M X 28.43M X 4.9M X 2 EA)
	14CBA	SOIL EXCA 0-3M EXCAVATOR 1.4M3	M3	4,876	0.96	4,691	EXCAVATION
	DEI00552	되메우기 및 다짐 / 기계80 + 인력20 (Core)	m3	975	0.61	595	BACKFILLING
	30HFA	CONC FTG GROUND SLAB BY CONC PUMP CAR	M3	452	215.62	97,463	CONCRETE CASTING
	30AFA	FORM PIER ABUT R/WALL (3 TIMES)	M2	921	32.99	30,381	FORM WORK
	DEI0000S	현상 가공 및 조립 / 목잡 - 자재비 제외	TON	45	1,126.52	50,694	REBAR (0.1 TON/M3)
JA0100		2nd Storage Area for Aggregate and Sand	LS	1	-	-	INCL. (G3, G4)
JA0110		Sand Discharge Bund	LS	1	-	-	DW (1,670,000 EUR)
	14JXX	STOCKPILE/DISP B/H 1.4+D/T 26,D=10	M3	63,281	2.10	132,986	
	DEI00552	되메우기 및 다짐 / 기계80 + 인력20 (Core)	m3	63,281	0.61	38,618	
	13CBA	POND LINER	M2	28,233	45.45	1,283,290	POND LINING WITH HDPE SHEET

결론적으로 작업분개와 물량산출은 견적자 입장에서 단순히 내역서를 만드는 작업을 넘어서, 전체적인 공정과 해당 공정에 투입되는 장비, 혹은 꼭 지켜야 하는 공정 등을 종합적으로 검토하게 한다. 또한 어떠한 활동(Activity)이 어떤 단가에 영향을 미치는지 등을 유기적으로 생각하게 만드는 과정이므로 단순히 적산업체의 결과물을 받아보는 것이 아니라 전체 공정을 고려해서 어떻게 내역을 추가적으로 구성해야 하는지를 반드시 고민해야 하며 이를 다시 공정표에 반영하는 등 견적을 수행함에 있어 반복/회귀적으로 해야 할 핵심 부분이기 때문에 간과해서는 절대 안 된다.

2.14

일위대가 및 복합단가의 산출

많이 왔다. 기초단가도 준비했고, Q값도 검토하여 공정표도 준비하였으니 이제 결과물을 만들 차례이다. 공사금액은 결국 물량x단가인데 여기에서 물량은 앞서 언급한 것과 같이 발주처에서 원하는 혹은 설계사가 제공한 내역서상 작업(Work)에 대한 물량이다. 이 물량의 단위는 앞서 언급한 바와 같이 견적자에게 불편하게 되어있을 수도 있다.

그럼 단가는? 결국 해당 작업(Work)을 구성하는 하위 활동(Activity)들의 물량과 단가들의 합을 다시 작업(Work)의 물량으로 나누는 것이 최종단가(복합단가)이다. 따라서 우리는 일위대가와 실제 내역서에 들어가는 단가(복합단가)로 구분할 필요가 있다. 이를 위해서 시중의 EBS[15] 프로그램과 같이 1~2단계 더 많이 복잡하게 구성할 수도 있지만 나의 경험상 복잡할수록 견적한 요소요소들이 연결되는 구조가 헷갈리기 때문에 그렇게 추천하고 싶

---

15 EVENT BREAK DOWN SYSTEM FOR CONSTRUCTION의 준말인 견적용 프로그램

지는 않다.

또한 견적자는 견적 툴(혹은 EBS나 엑셀, 회사 자체적으로 개발한 프로그램 등)을 이용하여 견적 모델을 만들어야 한다. 공사기간 동안 발생할 수 있는 상황과 그에 따른 비용을 가장 모사하는 모델링이라고 표현해도 좋다. 이를 위해서는 Q값(생산성)이나 투입 인력/장비들을 세세하게 구분하여 반영해야 하는데, 만약 회사 내에서 해당 나라의 공사실적이 있는 경우 과거 자료를 참고하는 것이 가장 좋지만, 공종이 다르거나 지역이 달라 무의미한 경우에는 현지업체의 실적 자료를 참고하거나 장비나 자재 공급사를 통해서 현지의 일반적인 수준을 파악하여 반영하는 것이 현실적인 방안이다.

이도 저도 현실적이지 못하면 국내 표준품셈을 반영하는 것도 방법일 수 있다. 왜냐하면 국내 표준품셈도 다년간 축적된 내용을 담아 반복적으로 개정해왔으므로 유사시 참고할 수 있는 충분한 정보이기 때문이다.

일위(一位)대가[16]는 말 그대로 단위 활동(Activity)의 단가라고 생각하면 된다. 예를 들어 우리가 A에서 굴착한 흙을 B에다 사토한다고 하면, 이 작업에서 필요한 일위대가는 굴착하는 단가, 상차하는 단가, 운반하는 단가 및 사토하는 단가로 구분이 가능하며 이 하나하나를 일위대가라고 한다.

일위대가가 중요한 이유는, 나중에 만들 복합단가의 구성요소이기 때문인데 각각의 활동(Activity)에 포함되는 장비나 인력이 전체 공정표상 어떻게 반영되어 있는지를 파악할 수 있는 근거가 되기 때문이다.

다음의 예와 같이 작업환경이나 내용에 따라서 구성하는 일위대가가 달라진다. 만약 1번 굴착 시 절토(리핑, 풍화암)에 반영된 기초단가가 바뀔 경우 1번 굴착만 단가의 변동이 발생하며, 물량을 고려하여 전체 사업비의 영향을 판단할 수 있다. 또한 1, 2번 굴착에 반영된 1.4㎥ 규모의 굴삭기의 경우, 1, 2번 공사가 순차적인 경우는 1개의 장비를 사용하면 되지만 다른 경우 2대의 장비를 사용하는 등 전체적인 공사 방법의 차이를 가져올 수 있다.

---

16 공사나 제조 현장에서 단위 공사에 소요되는 재료비와 노무비를 합한 값. (우리말샘)

| Figure 2-45 | 작업환경에 따른 일위대가 구성 예 (출처: 저자)

CODE		DESCRIPTION	UNIT	TOTAL	Unit Rate				Unit Rate
DW	DL				M	E	L	SUBLET	DL TOTA
		Excavation by cuttings	-	-	-	-	-	-	-
JE0010		Excavation by cuttings_Material other than topsoil, rock or artificial hard material	m3	726,538	-	-	-		-
	14C8A	SOIL EXCA 0-3M EXCAVATOR 1.4M3	M3	726,538	-	0.64	0.32		0.96
	DEE0017	설토(리핑,풍화암) / 대규모	M3	726,538	-	2.55	1.00		3.55
		Excavation for foundation	-	-	-	-	-	-	-
JE0020		Excavation for foundation_Material other than topsoil, rock or artificial hard material : 0~0.5m	m3	295,389	-	-	-		-
	14C8A	SOIL EXCA 0-3M EXCAVATOR 1.4M3	M3	295,389	-	0.64	0.32		0.96

앞서 Q값을 설명하면서 언급한 것과 같이 일위대가는 1개의 소규모 작업조라고 이해하면 되고 품셈을 이용하거나, 회사 내에 있는 실적치를 활용할 수도 있고, 현장의 경험을 적용해볼 수도 있다. 내가 생각하는 가장 좋은 방식은 품셈보다는 회사의 실적치 및 현장의 경험을 반영하여서 실제로 현장에서 운영 가능한 1개의 작업조를 도출해내는 것이다.

아래는 시트파일 설치를 위한 작업조의 예이다. 하루에 어떤 장비 및 인력이 얼마나 투입이 되었을 때 얼마의 작업량이 가능한지를 나타내는 것으로, 종합건설사에서는 모든 종류의 작업에 대한 정보를 얻는 것이 불가능하나, 전문적인 공종을 위주로 하는 건설사의 경우 쉽게 정리할 수 있을 것이다.

| Figure 2-46 | 작업조 산출의 예(출처: 저자)

BD_CODE	BD_DESC	UNIT Q'TY	UNIT	CODE	RES	RES_UNIT	RES_Q'TY	NORM
13AAA	STEEL SHEET PILE DRIVING	240.00	M	E1	CRANE CRAWLER 40TON	EQD	1.00000	0.00417
				E2	HAMMER VIBRO 5TON	EQD	1.00000	0.00417
				E3	GENERATOR 100KW	EQD	1.00000	0.00417
				E4	TRACTOR TRAILER 30T	EQD	0.50000	0.00208
				L1	FOREMAN	MDY	1.00000	0.00417
				L2	OPERATOR	MDY	1.00000	0.00417
				L3	RIGGER	MDY	2.00000	0.00833
				L4	C/LABOR	MDY	2.00000	0.00833
				L5	DRIVER	MDY	0.50000	0.00208
				M1	PILE STEEL SHEET	M	247.20000	1.03000

너무 특수한 공정이거나 사례가 많지 않거나, 현장 여건에 따라 너무 큰 차이가 발생하는 경우에는 앞서 설명한 것과 같이 활용할 수 있도록 정리된 자료가 없을 수도 있다. 그런 경우에 특히 현장의 경험이 많은 회사 내외부의 전문 인력이 필요하다. 현재 설계 및 현장 여건을 고려하여서 상기와 같은 작업조를 만들어내는 것이 결국 견적의 핵심이자 정수라고 할 수 있다.

여기에서 한 가지 더 고려할 부분은 바로 투입하는 인력 및 장비의 수이다. 당연히 품셈이나 회사 내의 자료는 국내공사에서 한국인 작업자를 대상으로 한 실적에서 만들어낸 것이 일반적이다. 따라서 해외사업의 경우에는 해당 장비의 수급이 가능한지, 정말 한국인과 비슷한 Performance를 만들어내는지에 대한 검증이 필요하다.

예를 들어서 A국의 국민들은 건설 경험이 부족하여, 한국인 작업자보다 3배의 시간이 더 필요하다고 가정할 때, 기초단가에 반영되어있는 A국 작업자의 단가를 3배 올리면서 작업조에 반영된 투입 인력을 그대로 두면 결과적으로 도출되는 단가는 차이가 크지 않을 수 있다. 하지만 내 생각에는 단가는 유지하되 작업조의 구성상 작업자를 3배로 늘리는 것이 옳다고 판단된다. 왜냐하면 복합단가까지 만들어서 견적 금액을 도출하면, 간접비의 산정을 위해 투입되는 장비 및 인력에 대한 투입 Schedule을 검토해야 하는데, 작업조의 구성을 변경하지 않으면 이러한 세부사항이 반영되지 않기 때문이다.

복합단가는 일위대가의 조합이다. 결국 A작업을 위해 필요한 a-1, a-2의 활동에 대한 금액을 다시 A작업의 내역서상 물량으로 나누면 그만이다. 다음의 내용을 보면 Embankment Filling 1,353,507㎥의 작업을 위해 필요했던 3개의 활동과 관련된 물량 및 일위대가가 각각 달랐지만, 각 활동 금액의 합인 10,845,480을 최초 제공된 내역서상 물량으로 나누면 Embankment Filling이라는 Work의 단가는 결국 8.01/㎥이 된다.

만약 JV로 사업을 추진하면서 내역에 대한 단가 비교를 한다면 이 8.01이라는 숫자를 기준으로 비교하게 되겠지만, 안타깝게도 각 활동(Activity)을 구성하는 각 팀별 구성이나 그들의 작업범위가 상이할 수 있어서 그렇게

1:1 매칭이 되지는 못하고 큰 틀에서의 비교가 적당한 것으로 생각된다.

| Figure 2-47 | 복합단가 계산 예 (출처: 저자)

CODE		DESCRIPTION	UNIT	TOTAL	Unit Rate	Amount
DW	DL				DL TOTAL	DL TOTAL
JE0090		Embankment_Filling	m3	1,353,507	-	-
	14HDQ	EMBANKMENT W/EXCAVATED SOIL,B/DOZER 32T	M3	1,353,507	2.46	3,328,414
	DEED0351	되메우기 및 다짐 / 기계80 + 인력20 (Ordinary Sand)	m3	947,455	7.67	7,269,264
	DEED0852	되메우기 및 다짐 / 기계80 + 인력20 (Core)	m3	406,052	0.61	247,802

2.15

Mobilization Schedule의 검토 _____ 🪙

    이제 내역서에 필요한 단가도 다 넣어 직접비를 산출하였다. 하지만 한 가지 중요한 부분이 남았는데, 바로 이 공사를 위해 투입되는 인력 및 장비, 유류에 대한 전체적인 통계를 검토하는 행위이다.

    다음의 표를 보면 BD Code에 있는 E200, E210 등은 작업팀을 기준으로 산출한 일위대가들이며, 이 일위대가들이 내역서 전체에 흩어져 반영은 되지만, 결국 이 1개의 팀이 이곳저곳을 돌아다니면서 작업하는 총량은 정해져 있다. E200이라는 작업팀은 M7부터 M35까지 특정장소로 골재를 운반하는 팀인데 29개월 동안 총 153,200㎥의 골재를 운반해야 하며, 따라서 월 평균 5,283㎥씩 운반하는 일만 수행하게 된다.

| Figure 2-48 | 각 일위대가에서 산출된 기초단가별 투입량 (출처: 저자)

BD code	구분	ITEM	UNIT	CRCY	F.RATE	AMOUNT (EQUIV.USD)	AMOUNT (CURRENCY)	SUM	2015 M1	2 M2	3 M3	4 M4	5 M5	6 M6	7 M7	8 M8	9 M9	10 M10	11 M11	12 M12	2016 M13	M14	M15	M16	M17	M18	M19	M20	M21	M22	M23
E200		DIESEL	LTR	USD	1.0	114,402	114,402	121,075.0	-	-	-	-	-	-	4717	4717	4717	4717	4717	4717	4717	4717	4717	4717	4717	4717	4717	4717	4717	4717	4717
E200		GRAVEL FOR DAM	M3	USD	1.0			153,207.0							1079	1079	1079	1079	1079	1079	1079	1079	1079	1079	1079	1079	1079	1079	1079	1079	1079
E200		DUMP TRUCK_25TON	EQD	USD	1.0	104,919	104,919	58.0	-	-	-	-	-	-	2.0	2.0	2.0	2.0	2.0	2.0	2.0	2.0	2.0	2.0	2.0	2.0	2.0	2.0	2.0	2.0	2.0
E200		OPERATOR-DAYSHIFT	MDY	USD	1.0	16,262	16,262	58.0	-	-	-	-	-	-	2.0	2.0	2.0	2.0	2.0	2.0	2.0	2.0	2.0	2.0	2.0	2.0	2.0	2.0	2.0	2.0	2.0
E210		DIESEL	LTR	USD	1.0	613,175	613,175	648,890.0	-	-	-	-	-	-	1795	1795	1795	1795	1795	1795	1795	1795	1795	1795	1795	1795	1795	1795	1795	1795	1795
E210		DUMP TRUCK_25TON	EQD	USD	1.0	562,348	562,348	165.0	-	-	-	-	-	-	3.0	3.0	3.0	3.0	3.0	3.0	3.0	3.0	3.0	3.0	3.0	3.0	3.0	3.0	3.0	3.0	3.0
E210		OPERATOR-DAYSHIFT	MDY	USD	1.0	87,162	87,162	165.0	-	-	-	-	-	-	3.0	3.0	3.0	3.0	3.0	3.0	3.0	3.0	3.0	3.0	3.0	3.0	3.0	3.0	3.0	3.0	3.0
E220		DIESEL	LTR	USD	1.0	9,948	9,948	10,527.0	-	-	-	-	-	-	920	920	920	920	920	920	920	920	920	920	920	920	920	920	920	920	920
E220		DIESEL	LTR	USD	1.0	34,818	34,818	10,527.0	-	-	-	-	-	-	920	920	920	920	920	920	920	920	920	920	920	920	920	920	920	920	920
E220		LOADER WHEEL 2.3M3	EQD	USD	1.0	38,296	38,296	23.0	-	-	-	-	-	-	1.0	1.0	1.0	1.0	1.0	1.0	1.0	1.0	1.0	1.0	1.0	1.0	1.0	1.0	1.0	1.0	1.0
E220		DUMP TRUCK_25TON	EQD	USD	1.0	100,357	100,357	29.0	-	-	-	-	-	-	1.0	1.0	1.0	1.0	1.0	1.0	1.0	1.0	1.0	1.0	1.0	1.0	1.0	1.0	1.0	1.0	1.0
E220		OPERATOR-DAYSHIFT	MDY	USD	1.0	4,949	4,949	29.0	-	-	-	-	-	-	1.0	1.0	1.0	1.0	1.0	1.0	1.0	1.0	1.0	1.0	1.0	1.0	1.0	1.0	1.0	1.0	1.0
E220		OPERATOR-DAYSHIFT	MDY	USD	1.0	15,555	15,555	29.0	-	-	-	-	-	-	1.0	1.0	1.0	1.0	1.0	1.0	1.0	1.0	1.0	1.0	1.0	1.2	1.0	1.0	1.0	1.0	1.0
E290		DIESEL	LTR	USD	1.0	390,202	390,202	412,925.0	-	-	-	-	-	-	-	-	-	-	-	-	-	-	-	-	-	-	-	-	-	-	-
E290		DIESEL	LTR	USD	1.0	128,638	128,638	412,925.0	-	-	-	-	-	-	-	-	-	-	-	-	-	-	-	-	-	-	5.0	5.0	5.0	5.0	5.0
E290		LOADER WHEEL 2.3M3	EQD	USD	1.0	15,555	15,555																				5.0	5.0	5.0	5.0	5.0
E290		DUMP TRUCK_25TON	EQD	USD	1.0	1,297,725	1,297,725	375.0	-	-	-	-	-	-	-	-	-	-	-	-	-	-	-	-	-	-	5.0	5.0	5.0	5.0	5.0
E290		OPERATOR-DAYSHIFT	MDY	USD	1.0	55,467	55,467	125.0	-	-	-	-	-	-	-	-	-	-	-	-	-	-	-	-	-	-	5.0	5.0	5.0	5.0	5.0
E290		OPERATOR-DAYSHIFT	MDY	USD	1.0	201,143	201,143	125.0	-	-	-	-	-	-	-	-	-	-	-	-	-	-	-	-	-	-	5.0	5.0	5.0	5.0	5.0

| Figure 2-49 | 특정 활동 반영 예 (출처: 저자)

1.	1. 1. 1. 6.	Backfill (Compacted)						M3	9,502
		골재운반 QUARRY TO STOCKPILE		E200	M3	EMBANKMENT 용 골재 운반 (QUARRY TO C/P-MAIN STOCK ARE)		M3	9,502
		골재운반 STOCK PILE TO EMBANKMENT		E220	M3	STOCKPILE OPERATION & STOCKPILE, C/P TO EMBANKMENT SITE		M3	9,502
		COMPACTION		14HFW	M3	EMBANKMENT W/IMPORTED SOIL B/DOZER 19T		M3	9,502
		QUARRY 운영		E900	M3	MOTHER ROCK BLASTING / QUARRY OPERATION		M3	9,502
		CRUSH PLANT OPERATION		E902	M3	CRUSHING ROCK (CRUSHING PLANT)		M3	9,502

이렇게 Backfill(Compacted)이라는 작업(Work)에 들어가는 활동(Activity)의 단가로서 E200은 최종적으로 2대의 운전사와 2대의 덤프트럭을 운영하는 팀이 되며, 이 활동을 위해 필요한 유류비를 포함하여 전체 활동에 대한 유류비를 총괄하면 본 프로젝트를 위해 필요한 유류저장소 규모를 산정할 수 있다. 또한 본 프로젝트에 투입되는 유류비의 총액도 도출할 수 있으니 요새처럼 유류비의 변동성이 큰 상황에서는 그 영향도 분석이 가능하다.

앞에서도 이야기했으나, 사실 이 자료를 도출해내는 것이 매우 중요하다. 그래야만 단순히 공사비만 산출하는 것이 아니라 전체적인 큰 그림을 그릴 수 있으며, 환율이나 유가변동, 시멘트 가격 등 특정 아이템에 대한 리스크 분석도 가능하기 때문이다.

| Figure 2-50 | 동 프로젝트의 유류비 소모량/출력인원 분석 (출처: 저자)

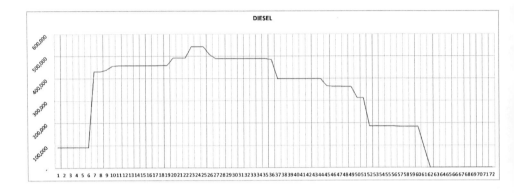

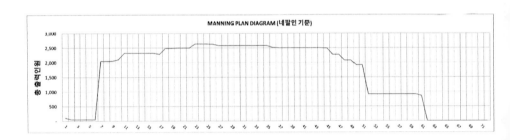

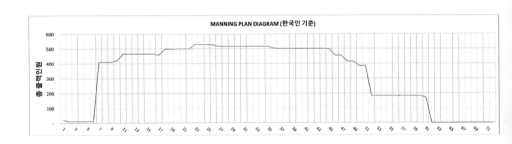

2 인프라 건설기간의 돈

2.16

간접비의 산출 ⓢ

    지금까지 알아본 것은 모두 공사에 직접적으로 반영되는 직접비와 관련된 내용들이었다. 하지만 실제로 전체 공사비의 10~20%는 그렇지 않은 비용인데 대표적인 것이 건설현장에서 근무하는 직원들의 인건비, 사무실, 각종 운영비 및 제세공과금이다.

    간접비에서 가장 큰 부분을 차지하는 것은 아무래도 가설건물과 인건비, 운영비이다. 가설건물은 말 그대로 건설공사를 위해 임시로 만들어 놓은 사무실로서 앞서 언급한 바와 같이 해당 나라의 노동환경(Working Condition)이나 각종 법규에 따라 건설되는데, 우리가 쉽게 건설현장에서 볼 수 있는 컨테이너 박스 같은 것이다. 우리나라야 컨테이너 박스가 워낙 잘 되어있기는 하지만 해외의 경우는 벽돌이나 샌드위치 판넬을 통해서 만드는 경우도 많이 있다. 가설사무실의 견적은 각 회사나 사업별로 많이 다를 수 있다. 투입되는 인원당 ㎡로 계산하여 건설할 수도 있고, 도심 공사의 경우는 주변의 상가를 임대하여 활용할 수도 있다. 가설건물에는 직원들이 근무하는 사무

공간, 휴식공간 때로는 노무자들의 숙소가 포함될 수도 있는데, 앞서 언급한 것과 같이 인건비에 반영할 수도 있으니 견적자의 재량이나 사내의 기준을 따르면 된다.

공사에서 중요한 부분 중 하나가 또 전기와 물, 하수처리 등이다. 어쩌면 가장 기본적이어서 쉽게 지나칠 수도 있겠지만 매우 중요하다. 전기의 경우는 가설사무실을 운영하는 등 실제로 많이 필요하기 때문에 어디서 수전을 할 것인지에 대한 사전 협의나 확인이 필요하다. 만약 근처에서 수전할 곳이 없다면 가장 가까운 곳부터 전기를 끌어오는 공사비도 반영해야 한다. 물도 매우 중요하다. 사 먹는 물뿐만 아니라 공사에서도 물이 많이 사용되는데, 분진을 방지하기 위해 물을 뿌릴 수도 있고, 흙을 다지기 위해서도 물이 필요하다(최적함수비). 만약 현장에서 콘크리트를 만든다고 한다면 콘크리트의 배합을 위해서도 물이 반드시 필요하다. 특히 콘크리트에 들어가는 물은 결국 시멘트와 모래, 자갈 등과 화학작용을 일으키는 중요한 매개체이므로 그 성분에 따라서 최종적으로 발현되는 콘크리트의 품질과 성질이 달라지기 때문에 매우 중요하다. 따라서 우리나라처럼 어디서나 레미콘을 불러서 타설할 수 있는 환경이 되지 않는다면, 사전에 시멘트와 골재, 물의 성분을 확인하고 공사에 필요한 최적의 배합이나 처리에 대한 시험이 선행되어야만 한다.

간접비에서 가장 중요한 부분은 인건비이다. 매우 많은 부분을 차지하게 된다. 일단 인건비를 산정하기 위해서는 조직도를 먼저 만들어야 한다. 사내에서 사용하는 조직도가 있기는 하지만 가장 기본적으로는 현장소장을 필두로 하여서 인원이나 전체적인 운영비를 관리하는 관리팀, 공사와 관련된 돈의 수금이나 집행 및 주요 하도급 계약, 인허가 일정 등을 관리하는 공무팀, 실제로 하루하루 현장에서 이루어지는 실무를 챙겨야 하는 공사팀, 해당 공사의 밑그림에 해당하는 설계를 공사와 동시에 수행하거나, 이미 제출한 설계내용에서 더 나은 방안을 고민하여 개선하는 역할을 수행하는 설계팀으로 구성된다. 국내는 물론 해외에서도 한국인의 인건비는 매우 높기 때문에 한국인 혹은 본사인력을 최소화하려는 노력이 지속되어왔다. 비록 설계나 공무, 관리팀 등 돈과 관련이 있는 직무에는 한국인 혹은 본사인력이 배정되는 것이 일반적이나, 해외에서 일괄하도방식으로 현지업체와 협의를 한 경우에는 현장소장이나 공무 정도만 파견을 나가 진행할 수 도 있다.

| Figure 2-51 | 현장직운(간접비) 조직도 및 투입일정 예 (출처: 저자)

Organization chart (Staff)

STAFF MOBILIZATION SCHEDULE

Position	Nature	Grade	M/Mhs	Peak time
...ean Staff)				0
...ct Manager	ROK	1A	42	1
...OC Manager	ROK	1B	38	1
...Manager	ROK	20A	42	1
...rial Engineer	ROK	20A	39	1
...ning Manager	ROK	1B	39	1
...gn Engineer	ROK	1C	48	1
...ity Engineer	ROK	1D	39	1
...ract Engineer	ROK	1C	36	1
... Control Engineer	ROK	20A	51	1
...dy Project Manager	ROK	1B	47	1
...f Civil Engineer	ROK	1C	42	1
...str. Engineer	ROK	20A	39	1
...nstr. Engineer	ROK	20B	28	1
...echnical Engineer	ROK	20B	25	1
...inistrative Manager	ROK	1B	40	1
...untant	ROK	20A	53	1
Sub-total			646	16

인건비는 여러 회사가 JV형태로 진행을 할 때도 매우 이슈가 되는 부분이다. 건설기간 동안에 1개 회사가 단독으로 추진하는 사업에서는 누구를 투입하고 말고는 알아서 결정할 수 있는 사안이지만 타 회사와 협력할 때는 왜 당초 합의된 바와 다르게 인건비가 높은 인력이 왔는지, 혹은 충분하고 필요한 경험이나 경력이 있는 직원이 오지 않는지에 대한 논쟁을 벌여야 하기도 한다. 따라서 최초 입찰 시 조직도를 구성할 때부터 어떤 회사가 어떤 자리에 어떤 레벨로 앉을 것인지 결정해야 하는데, 웬만해서는 동등한 권한을 갖는 2명의 관리자는 의사결정상의 혼란을 만들 수 있으므로 두지 않는다. 일단 조직도가 만들어지고 누가 어디에 배치될 것인지 결정되면, 해당 수준(직급)별 직원 인건비를 통일해야 하는데, 앞서 누가 어디에 앉을 것인가 때문에 기분이 상해 있는 상태에서 숫자까지 이야기하면 분위기는 더 안 좋아지기도 한다. 주요 논의는 휴가일정이나 휴가비 지원, 복지비 같은 것들인데 재미있는 부분은 일반적인 한국인의 인건비가 웬만한 선진국의 인건비를 넘는 경우도 왕왕 있다는 것이다. 이를 보면 우리나라 경제 수준이 얼마나 높아졌는지를 알 수 있으나 한편으로는 이렇게 함에도 불구하고 건설산업이 사양산업화되어가는 것이 안타깝기도 하다.

아무튼, 조직도의 구성과 인건비를 합의하였거나 정리하였다면, 이제 해야 할 것은 투입일정이다. 투입일정은 프로젝트가 개시되는 시점부터 종료되는 시점까지의 인력배치인데, 착공지시서(NTP, NOTICE TO PROCEED)가 접수되기 전 인허가 등을 위해 투입되는 인력부터 준공 이후에 사후 마무리하는 인력까지 전체 기간을 망라한 투입일정표라고 할 수 있다. 보통 현장소장이나 공무 등은 처음부터 마지막까지 배치되지만, 공사나 설계의 경우는 필요한 기간에 한정하여 투입이 되는데, 여기서 '필요한 기간'은 다시 돌아가 공사 공정표와도 직접적인 연관관계를 맺는다. 1명의 인력이 10개월간 투입되면 10 MAN-MONTH라고 부르는데, 이렇게 합쳐진 전체 MAN-MONTH에다 해당 레벨의 인건비를 곱하면 인건비가 도출된다. 다만 매년 물가상승률을 반영해야 한다.

한국인뿐만 아니라 현지에서 채용되는 현지인들도 마찬가지이다. 이들도 매년 물가상승률을 계산하고 각 수준(직급)별로 임금수준을 산정하여 MAN-MONTH를 토대로 인건비를 계산한다. 이러한 인건비는 간접노무비로 직접노무비와 같이 현지의 인력업체를 통해서 정보를 받을 수도 있고, 현지 노무비 자료를 통해서 도출할 수도 있다.

자, 이렇게 직접공사비와 간접공사비로 구성되는, 공사를 하기 위해서 필요한 돈 이야기를 해보았다. 어떠한 구조물을 만들기 위해서는 정말 다양하고 많은, 보이지 않는 세세한 부분까지 챙겨야 한다. 어느 분께서는 이를 "못대가리 숫자까지 센다."라고 표현하신다. 이렇게 산출된 공사비에다 회사별 마진을 얹으면 도급금액이 되며 발주처가 정부든 프로젝트 금융을 일으킨 민간회사든 제출된 공사일정에 따라서 돈(기성금)을 받으면 견적 시에 고려했던 다양한 분야로 돈이 흘러가게 되는 것이 바로 공사비 산정과 관련된 돈 이야기였다. 이제는 발주처 입장에서의 돈과 투자자 입장인 금융회사에서의 인프라 돈에 대해서 이야기해보려고 한다.

3

자금조달 시점의 돈

3.1

인프라 사업 금융조달은 무엇인가?

앞서 다루었던 내용이 인프라를 건설하기 위해 얼마의 돈이 필요했는지에 집중되었다면, 이제는 그 돈을 어떻게 모으는지에 대해서 이야기해보고자 한다.

쉽게 말해서 프로젝트 금융(프로젝트 파이낸싱, Project Financing)에 대한 이야기이다. 시공사든 은행이든 프로젝트 금융을 해보고 싶어 하는 사람들이 워낙 많기 때문에 이미 시중에는 프로젝트 금융과 관련된 책들이 많이 있다. 따라서 나는 그런 고차원적이고 전문적인 영역의 금융에 대한 내용보다는 적어도 (내가 겪어오면서) 이건 알았으면 좋겠고 이런 원리이구나 하는 내용으로 담고자 한다.

그럼 인프라 사업의 금융조달은 무엇일까? 당연히 인프라 사업을 하는 데 있어서 필요한 자금을 조달하는 일이다. 그럼 첫번째 질문. 얼마를 조달해야 할까? 앞 장에서 다루었던 공사비만큼 조달하면 될까? 당연히 그렇게 단순하게는 안 된다. 통상 이를 총공사비와 총사업비로 구분하는데, 총공사비는 말 그대로 '공사'를 하는 데 필요한 금액이고, 총사업비는 본 '사업'을 하는 데 필요한 전체 자금을 의미한다. 즉 총사업비만큼 조달해야 한다. 물론 총사업비의 대부분은 총공사비가 차지하고 이 부분이 특히 건설 엔지니어들이 자부심을 가져야 할 부분이라고 생각하지만 그렇다고 해서 "총사업비에 뭐 있어? 대부분 공사비잖아"라고 자만해서는 안 된다. 총사업비에는 공사비뿐만 아니라 건설기간의 이자, 건설기간에 운영할 SPC의 운영비, 각종 인허가 등 향후 들어갈 비용, 실사과정에서 필요한 각종 자문비용이 포함된다. 만약 자금조달 시점에서 사업의 주체가 바뀌는 경우, 즉 개발사가 가지고 있는 권리 일부 혹은 전부를 다른 사업자에게 매각하는 경우 그에 대한 대가(즉 개발 프리미엄)에 대한 비용도 총사업비에 포함될 수 있다. 각 회사에서 사업개발하시는 분들은 총공사비를 절감하는 것에 대해서도 고민하지만 그 외의 금융비용이나 SPC 운영비, 실사비용 등등 다양한 이해관계자가 엮인 비용도 같이 고민하는데 이 부분에서 많은 시간과 공이 소요되기도 한다. 특히 개발사에게 지급할 프리미엄이 있다면 이는 100% 협상의 대상이므로 이 금액을 적절히 줄이는 것이 어찌 보면 공사비를 줄이기 위해 씨름하는 것보다 더 쉬울 수도 있다.

건설기간 이자도 중요한 포인트이다. 프로젝트 금융에서 건설기간은 자금은 투입되지만 매출과 영업이익은 발생하지 않는 소위 J-Curve 구간이다. 따라서 별로 선호되지 않는다. 뒤에서 한 번 더 다루겠지만 이 대목에서 여러분이 한 가지 이해하고 가야할 것은, 프로젝트 금융에 자금을 지원하는 대주는 꼭 건설기간이 필요한 사업에만 자금을 투입할 이유는 없다는 점이다. 이미 상업운전이 개시되고 운영실적이 있는 운영자산에도 동일한 자금을 투입할 수 있고, 특히 대출로 참여한 경우에는 적정한 리스크에 대해서 적정한 마진을 노리면 되는 것이지, 꼭 국가발전에 이바지하고자 신규 사업에 자금을 넣어야 하는 이유는 없는 것이다. 따라서 대주에게 J-Curve는 건설리스크에 노출되어 있는 구간일 뿐이고 이 건설리스크[17]를 누가 어떻게 적정하게 통제해주느냐가 핵심이 된다. 그렇기 때문에 많은 부동산 PF에서는 사실상 사업을 다 개발하였지만 신용도가 낮은 시행사보다는 맷집(?)과 체력이 좋은 시공사에게 준공 및 분양에 대한 리스크를 전가하는 '책임준공 확약' 등[18]의 방식이 등장하게 된 것인데 이는 인프라 사업에서는 쉽지 않은 접근이긴 하다.

다시 건설기간 이자로 돌아가면, 건설기간은 매출이 발생하지 않는 기간이므로 즉 원리금 상환을 위한 재원도 없는 상태이다. 따라서 통상적으로 총사업비에는 건설기간 지급해야 할 이자까지 얹어서 계산하는데, 생각해보면 이자를 얹으면 총사업비가 늘어나고, 그렇게 되면 이자가 증가하고, 그러면 또 총사업비가 증가하는 순환이 발생한다. 따라서 이를 단순반복 계산해서 0으로 수렴하도록 하면 최종적인 총사업비가 도출된다. 어쨌든 건설기간의 이자 역시 매우 중요한 역할을 하기 때문에 당시의 금융시장 상황이나 조달금리는 공사비와 함께 매우 중요한 부분이며 모든 회사의 자금조달을 담당하는 자금팀 혹은 사업개발팀에서 걱정하는 부분이기도 하다.

개인적으로는 22년 8월부터 시작된 미국의 금리인상과 맞물려, 당시 진행하던 PF사업의 총사업비가 시간이 지연되면 될수록 계속 늘어났던 경험이 있다. 한 달만 지연돼도 건설기간 이자가 증가하게 되니 사업주 입장에서는 매우 힘들었을 것 같다.

조금 더 이야기를 확장해보자. 그렇다면 얼마에 조달해야 하는가? 잘 알다시피 자금의 지급 주체에 따라서 크게 자기자본과 타인자본으로 구분된

---

17 준공리스크, 완공리스크라고 하기도 한다. 다만 실제 공사가 완료되어 상업운전이 제때 가능해지는지 여부를 넘어, 예정된 성능을 발휘하는지도 주요한 리스크 중에 하나이다. 이는 EPC 계약상 Delay와 Performance에 대한 보증 혹은 손해배상의 예정(LD, Liquidated Damage) 등으로 표현된다.

18 여기서 언급된 책임준공확약은 공기나 성능에 대한 보증을 넘어 자금제공 등의 의무를 부과한 더 강력한 형태의 보증이다.

3 자금조달 시점의 돈

다. 일반적으로 자기자본은 사업을 주도하는 사업자가 부담하는데, 사업을 주도하는 사업자는 EPC로 참여하는 시공사(통상적으로 Construction Investor, CI)가 될 수도 있고, 순수하게 개발만 하는 회사일 수도 있다. 그럼 총사업비 중에서 얼마의 자기자본 비율이 적당할까? 일부 민관협력사업에서 정부가 정한 가이드라인에 따라 최소 비율이 정해지는 경우를 제외하면 원칙적으로 정해진 답은 없다. 다만 여기에서 2가지 부분은 이해해야 한다. 자기자본은 타인자본보다 비싸다는 점 그리고 자기자본은 타인자본보다 돈을 받는데(수익금을 받는 데) 있어서 후순위인 점.

　(내가 그러했듯) 자기자본이 타인자본보다 비싸다고? 무슨 말이지? 하는 분들도 분명 있을 것이다. 간단하게, 자기자본을 투입하는 회사는 그 자금을 어떻게 조달할까? 물론 현금이 많은 회사라면 회사명의의 통장에서 꺼내서 넣을 수도 있다. 만약 여러분이 그렇게 생각하고 있었다면 아직 사업마인드가 부족하신 것일 수도 있다. 사업은 싼 돈을 빌려서 비싸게 벌어 그 차액을 남기는 것이다. 그래서 집을 살 때 레버리지를 최대한 써야지!라고 하지 않는가. 각 회사는 자신의 신용을 기초로 발행한 회사채나 대출을 통해서 자금을 조달하고, 이를 사업에 투자하여 더 큰 돈을 벌어야만 이치에 맞는 것이다. 그럼 '자신의 신용을 기초로 발행한 회사채'가 비싸기 때문에 자기자본이 타인자본보다 비싸다는 의미인가? 아니다. 자신의 신용을 기초로 발행한 회사채로 모은 자금으로 '더 큰돈을 벌어야' 하기 때문에 비싼 돈이다. 즉 자기자본이 요구하는 수익률은 회사채와 비교가 되지 않을 정도로 높아야 한다. 우리 같은 서민 입장에서는 1억원을 2%에 빌려서 집을 사면, 연 200만원의 이자를 내야 하는데, 만약 월세로 20만원을 받아 연 240만원을 남길 수 있다면(즉, 연 수익률 2.4%) 40만원 이득이어서 좋긴 하겠지만, 사업을 하는 입장에서는 0.4% 이익을 남기기 위해서 이 고생과 노력과 리스크를 부담할 이유는 없다. 만약 본 사업이 그렇다면 그건 하지 말아야 할 사업이 되는 것이다. 따라서 10% 이상은 차이가 나야 하는데, 이는 대주 입장에서도 관심 있는 부분이다. "아니, 자기자본 수익률이 이거밖에 안 되는데 왜

하는 거예요?" 하는 질문은 생각보다 자주 등장한다.

이렇게 높은 수익률을 요구한다는 것이 "자기자본에 대한 배당금은 얼마이어야 합니다"라고 어디 쓰여 있어야 한다는 의미는 아니다. 왜냐하면 배당은 이자가 아니니까. 다만 대출금까지 지급하고 나서 발생하는 현금흐름을 토대로 추정한 내부수익률(IRR)이 이러한 목표 수익률을 충족하느냐에 대한 질문으로 이는 각 투자자의 내부 투자 심의에서 언급될 내용일 것이다. 최근 기준금리상승과 채권시장 변동에 따른 회사채 금리상승은 위에서 언급한 이유로 더욱 투자심리를 위축시키는 요인이 된다.

| Figure 3-1 | 2022년 채권금리 (출처: 금융투자협회 채권정보센터)

둘째로 자기자본은 타인자본보다 돈을 지급받는 데 있어서 후순위이다. 사업에서 매출과 영업이익이 발생하면 이는 당연히 배당보다 원리금 상환에 우선 쓰이게 된다. 이는 대출약정서에도 통상적으로 기술되는 부분이다. 무슨 말이냐 하면, 간단히 사업에서 번 돈은 자기자본을 댄 사람이 아니라 타인자본을 댄 사람에게 먼저 지급되니 만약 타인자본의 원리금을 낸 다음에 돈이 없거나 많이 부족하면 자기자본에 대한 배당금은 얼마 못 가져간다

3 자금조달 시점의 돈

는 것을 의미하는데, 이는 리스크 측면에서 자기자본이 더 많은 부담을 지고 있다는 뜻이다(더 큰 리스크를 부담하기 때문에 더 큰 수익률을 요구하는 것이기도 하다).

그럼 총사업비 중에 얼마만큼의 자기자본 비율이 적당할까? 사업주 입장에서는 자기자본을 줄이고 싶어 한다. 자기자본의 요구수익률이 높기 때문에 타인자본을 최대한 많이 조달해서 레버리지 효과를 누리고 싶기도 하고, 실제로 최대한 적은 돈을 넣고 싶어 하기 때문이다. 대주 입장에서는 자기자본이 많은 것이 좋다. 사업이 안 좋게 흘러가면 발생하는 매출이나 영업이익(즉 현금흐름)이 부족해질 텐데 대출금(타인자본)이 많아봤자 원리금만 커지니 그것도 부담이요, 사업이 정말 망가지면 총사업비를 구성하는 데 보통 가장 큰 부분을 차지하는 타인자본만 돈을 잃는 것에 대한 우려가 있기 때문이다. 따라서 결론을 이야기하면 프로젝트를 구성하는 리스크가 낮을수록 자기자본 비율이 낮고, 리스크가 높을수록 자기자본 비율이 높아진다. 공기업과 장기간의 고정단가 계약을 체결한 태양광발전사업의 경우 자기자본 비율이 10%밖에 안 될 수도 있다. 태양광발전사업의 건설 및 운영리스크가 낮고 해가 안 뜰 위험은 없으며(설사 안 뜨더라도 그때는 이 태양광발전사업이 문제가 아니라 전 인류가 문제일 테니깐), 발전을 통해 발생하는 매전매출의 리스크가 온전히 공기업에 연결되기 때문에 리스크를 낮게 책정하기 때문이다. 반면 미국 북동부의 가스복합발전의 경우는 자기자본 비율이 50%대를 유지한다. 비록 RPO(Revenue Put Option)라는 파생상품을 통해서 대주를 일부 보호하기는 하지만, 장기 대출이 전액상환될 때까지 유효한 RPO 파생상품이 존재하지도 않을 뿐만 아니라 미국 북동부 전력시장은 원칙적으로 경쟁시장이므로 각 발전원이 경쟁하기 때문에 그 누구도 매출에 대한 보장을 해주지 않는다. 또한 건설 및 운영리스크 측면에서도 당연히 태양광발전에 비할 바 없이 리스크가 크기 때문이다.

그럼 누구한테 빌릴까? 단순히 은행이라고 생각할 것이다. 혹은 개발도상국 사업에 경험이 많으신 분들은 ADB나 IFC와 같은 국제금융을 생각하실 수도 있고, 한국에서 해외사업을 하는 데 있어서 필수적인 수출입은행이나 무역보험공사, 산업은행 등을 이야기하실 수도 있다. 누가 참여하는지는 순수하게 해당 사업의 리스크에 연결되는데, 돈을 정책자금과 상업(민간)자금으로 구분한다면, 국제금융기구나 수출입은행, 산업은행과 같은 국내 정책자금은 개발도상국이나 저개발국가 사업에 투자가 가능하다. 사실 그들밖에 못한다고 보는 편이 맞는 것 같다. 하지만 프로젝트가 진행 중인 국가가 한국과 같은 선진국인 경우 정책자금보다는 상업자금이 더 많이 참여할 수 있다. 아무래도 상업자금은 정책자금보다 이자율은 비쌀 수 있지만 더 유연한 접근이 가능할 수 있다. 상업자금, 특히 은행은 일반적으로 생각하는 신한은행, 국민은행 등등이 있을 것인데 보험회사들도 이런 인프라 사업에 자금을 투자한다. 대주로서 직접 참여도 가능하고 자산운용사의 펀드를 통해서 대출을 때로는 자기자본 형태로 자금을 투자할 수도 있다. 은행과 보험사의 가장 큰 차이점은 은행은 자금의 조달 자체를 단기로 하고 예대마진을 기본으로 하는 금융회사이기 때문에 변동금리 대출을 선호하지만, 보험회사의 경우에는 수취한 보험료와 향후 예상되는 보험금지급액을 맞춰서 장기고정금리 대출을 선호한다. 지분투자도 약간의 리스크를 얹어 높은 수익률을 요구할 뿐 기본적으로 동일한 접근방법을 갖는다. 우리가 아파트 갭투자했다가 값이 오르면 팔아서 이익을 남기는, 소위 매각차익(혹은 Capital gain)보다는 안정적이고 꾸준한 배당(이를 Cash on Cash, COC나 Cash yield라고 통상 부른다)이 가능한 자산에 투자하는데, 따라서 자연스럽게 운영 중인 자산을 선호하게 된다. 보험회사뿐만 아니라 공제회나 캐피탈회사도 있는데 이들은 생명/화재보험사보다는 단기적인 자금운용을 하고, 조달금리(즉 공제회로서 돌려줘야 하는 돈이나, 캐피탈사의 예금금리 이상)도 높기 때문에 더 높은 리스크에 따른 더 높은 이자율이나 배당이 있는 사업을 선호하고, 때로는 단기간에 매각차익이 발생하는 사업도 투자할 수 있다.

　마지막으로, 그러면 어떻게 자금조달을 할 것인가? 일반적으로 회사에서는 사업개발하는 부서가 있고 회사채 발행이나 회사 내 현금흐름을 관리하는 자금부서가 있는데, 통상 자금조달의 시점이 되면 자금부서가 관여하게 된다. 자금부가 금융시장을 잘 이해하고 있어서 직접 프로젝트 금융조달을 할 수도 있지만 통상적으로는 금융자문사(Financial Advisor, FA)를 고용하여 사업주와 금융회사 사이의 가교역할을 하게끔 한다. 우리나라에서는 큰 인프라 사업은 통상적으로 은행이 금융자문사 역할을 수행하는데, 자금력이 충분한 은행이 앞서 참여함으로써 금융조달의 확실성을 보장하기 위해서다. 금융조달의 확실성은 사업주뿐만 아니라 EPC사와 같은 다른 이해관계자에게도 중요하다. 건설도급계약에서 도급계약자는 사업주에게 자금의 조달이 확실한지에 대한 문의를 정당하게 할 수 있는 것도 이 때문이다.

국내뿐만 아니라 해외에서는 금융자문역할만 수행하는 소규모 회사들도 존재한다. 이들은 금융회사(은행이나 보험사)들의 의견을 청취하고, 사업주와의 니즈를 맞추면서 금융회사의 내부 심사과정에 필요한 자료(소위 실사자료)를 준비하고, 사업을 소개하는 소개자료(통상 IM, Information Memorandum)를 준비하며, 금융조건의 협의 및 대출약정서의 작성, 금융기관 실사과정에서의 질문에 대응한다. 이러한 역할을 당연히 사업주의 자금부서가 담당할 수도 있지만 사업의 내용이 복잡하거나 규모가 크게 되면, 전문적이고 다양한 경험이 있는 실력 있는 금융자문사를 선정하는 것이 여러모로 품을 줄이는 데 도움을 줄 수 있다. 여기에 금융주선사(Arranger)들이 등장하는데, 은행은 자금력이 있어서 금융자문과 주선을 동시에 수행 가능하지만 자금력이 없고 자문만 하는 회사들은 중간에 금융자문사를 선정한다. 금융자문사가 하는 역할은 소위 신디케이션을 통해서 실제로 자금을 조달하는 것이다. 클럽딜이라고 하여 동등한 입장의 수 개의 금융회사가 동시에 대출약정서와 금융조건 등을 협의할 수도 있으나, 이 경우 협의기간이 길어질 수도 있고 사업주나 금융자문사 입장에서는 대응해야 할 기관이 다수인 점이 불편하다. 한편 대형 금융주선사가 등장하여 큰 금액을 책임진다면 대응해야 할 상대방이 감소하여 협의기간을 줄일 수 있다. 대신 이런 금융주선사들은 승인받은 금액 중 일부를 다른 은행에게 양도하는 신디케이션 과정을 거쳐 자신들의 실제 대출금액(exposure)을 줄일 수도 있는데, 이 과정에서 최초 투자한 금액을 총액인수(underwriting) 금액이라고 한다. 총액인수 이후에 양수도 과정을 거치고 남은 잔액은 보유하게 되나, 총액인수(underwriting)의 대가로 일부 수수료를 더 수취하기도 한다. 다수의 금융주선사가 있다면, 그중 핵심 업무를 담당하는 회사를 통상 대표주선사(Mandated Lead Arrange, MLA)라고 하는데 금융에서 'mandate를 받았다 혹은 우리의 mandate는 무엇이다'라고 함은 특정한 역할에 대해 독점적인 권한을 받았음을 의미한다.

3.2

Value for Money라는 이유 _____ 🪙

    사업은 왜 하는가? 당연히 돈을 벌기 위해서 한다. 대출은 왜 일으키는 가? 레버리지 효과를 통해서 적은 돈으로 많은 수익을 챙기기 위해서다. 이 는 "이 사업은 왜 해요?"라는 질문의 본질적인 답변이다. 다만 프로젝트 금 융이 참여하는 다양한 인프라 사업 중에는 민간사업자들로만 구성된 것이 아니라 정부와도 관련이 있는 사업들이 있는데 이를 민관협력사업(PPP)이 라고 한다. 민관협력사업에서는 앞서 언급한 자금조달 방식 외에 한 가지 더 고민할 수 있는데, 바로 재정이다. 즉 세금을 투입하는 것이 나은가 아니 면 민간자본을 활용하는 것이 나은 선택인가 하는 의문이다. 이를 정당화 하는 개념이 바로 VfM이다.

    VfM(Value for Money)는 말 그대로 금액 대비의 가치를 의미하며 우리나라 에서는 '민자사업을 위한 적격성 조사'라고도 한다. 이 조사의 결과를 통해서 해당 사업을 정부 재정사업(Traditional Procurement Method)으로 할지, 아니면 PPP와 같은 민간자본을 이용한 사업으로 할 것인지를 결정하게 된다.

본 내용은 KDI 공공투자관리센터에서 만든 타당성 분석과 적격성 조사 세부 요령에도 잘 명시가 되어있는데, 여기서는 캐나다의 수도 오타와와 토론토가 속해있는 Ontario주의 공사인 Ontario Infrastructure에서 만든 VfM 자료를 바탕으로 설명을 해보려고 한다.

우선 앞서 언급한 대로 VfM가 민관협력사업(PPP) 조달방식을 결정하는 단계에서 활용되는 것이므로, 결론적으로 PPP 방식을 이용했을 때가 정부 재정사업 때보다 더 낫다는 결론을 위한 기준점이 필요하다. 이를 PSC(Public Sector Comparator)라고 하며 우리나라에서는 '정부실행대안'이라고 한다. 이에 대응하여 PPP 방식을 적용하였을 때의 사업비를 AFP(Alternative Financing and Procurement), 우리나라에서는 PFI(Private Finance Initiative) 혹은 '민간투자 대안'이라고 한다.

| Figure 3-2 | 간략화된 VfM 결과비교표 (출처: Assessing Value for Money-Ontrio Infrastructure)

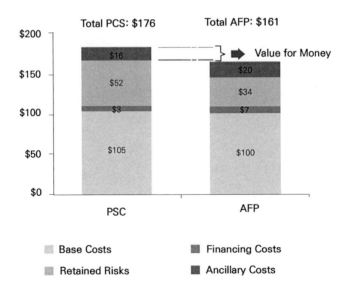

PSC와 AFP를 비교한 결과값이 그림과 같이 AFP가 더 작게 도출이 되면, 해당 사업은 PPP로 적용하는 것이 더 합리적이라는 뜻이고, 이때 VfM는 $176-$161 = $15 아니면 $15/$176 = 9%라고 표현할 수 있다.

(GTX A노선 타당성 분석 보고서에도 건설보조금 40%와 50%에 따라 Case를 1과 2로 나누고, 각각 PFI 10개에 대한 VfM 비교내용이 있다. 건설보조금 50%인 대안 2-1에 대한 VfM는 41.4%에 이른다.)

이 VfM의 조사는 이상적으로는 3번에 걸쳐서 진행하는 것이 바람직한데, 1차적으로는 현재 우리나라에서 하는 것 같이 PPP로 할 것인지를 결정(Procurement decision)하는 단계이다. 이 단계를 통해 VfM가 긍정적으로 도출되면 정부고시사업이 되고 RFP(Request for Proposal)를 작성/배포한다. 2단계는 입찰 단계를 거쳐 우선협상 대상자를 선정하고 계약하기 직전에 최종적으로 정리된 금액을 기준으로 VfM를 점검하는 것이다. 당초 정부가 예상한 VfM가 유지되는지 변경되었는지 확인한다. 마지막으로 장기의 사업운영 기간 종료 후 사업이 계약 당시 추정했던 VfM를 유지하였는지 점검하고 사업의 성과를 측정하는 차원에서 진행한다.

| Table 3-1 | 적격성 분석 보고서 (출처: 수도권 광역급행철도 A노선 타당성 분석 - KDI)

| PFI 대안 | 운영 기간 | 건설보조금 | | 투자위험 분담비율 | 운영수입 비용귀속 비율 | 실질 수익률 | 위험 분담금 | PFI정부부담금 | | PSC 정부부담액 현재가치 | Vfm % |
		비율	금액					불변 금액	현재 가치		
1-1	30	40%	13,154	90%	74.95%	2.52%	7,732	22,306	9,954	17,693	43.74%
1-2	30	40%	13,154	80%	55.75%	2.83%	9,016	23,589	10,324	17,693	41.65%
1-3	30	40%	13,154	70%	36.00%	3.14%	10,334	24,908	10,705	17,693	39.50%
1-4	30	40%	13,154	60%	15.96%	3.45%	11,705	26,279	11,101	17,693	37.26%
2-1	30	50%	16,140	90%	78.95%	2.52%	3,279	21,162	10,367	17,693	41.40%
2-2	30	50%	16,140	80%	62.50%	2.83%	4,439	22,322	10,703	17,693	39.51%
2-3	30	50%	16,140	70%	47.10%	3.14%	5,337	23,220	10,961	17,693	38.05%
2-4	30	50%	16,140	60%	30.46%	3.45%	6,469	24,353	11,288	17,693	36.20%
2-5	30	50%	16,140	50%	13.61%	3.75%	7,643	25,526	11,627	17,693	34.28%

PSC와 AFP를 구성하는 요소는 동일하게 사업원가(Base Cost), 금융비용 (Financing Cost), 보유 리스크 프리미엄(Retained Risk) 그리고 기타비용 (Ancillary Cost)으로 되어있다.

| Figure 3-3 | 민간투자사업에서의 투자비 및 재원 조달 구조 (출처: 저자)

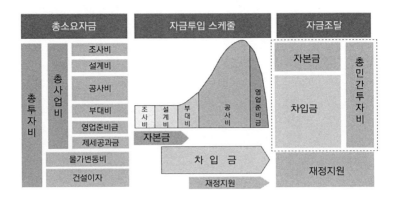

각각의 항목에 대한 간략한 설명을 더하자면, Base Cost는 간단하게 공사비라고 생각하면 좋을 듯하다. 실제 공사를 위한 시공비와 설계비, 부지확보를 위한 비용 등을 의미한다. 일반적으로 생각할 때, 입찰 과정에서의 경쟁과 민간사업자의 관리 및 혁신 능력, 시너지 등이 더해져서 PSC보다 더 낮은 금액이 될 것으로 예상한다. 하지만 이는 '민간의 효율성을 이용한 절감'이라는 요소를 사전에 반영한 것으로 보수적으로 접근하게 되면 일단은 Base cost는 $105보다 크게 잡는 것도 합리적이다. (이후에 실제 입찰을 통해서 더 낮아진 금액으로 Update 하면 된다.) 왜냐하면 민간사업자는 당초 정부 재정사업보다 더 큰 리스크를 부담할 것이기 때문에 그에 합당한 프리미엄(Premium)을 추가해야 하기 때문이다.

Financing cost는 금융조달비용으로 당연히 정부의 조달비용에 비해 민간사업자의 조달비용이 높을 수밖에 없다. 간단히 정부는 장기 국채를 통해서 거의 무위험이자율에 해당하는 비용으로 자금을 조달할 수 있으나 민간사업자는 Equity 투자자의 수익률, 대주단이 요구하는 이자율 등을 합한 WACC(Weighted Average Cost of Capital, 가중평균자본비용)를 반영해야 하기 때문이다.

Base Cost와 Financing Cost가 정부가 민간을 상대로 계약을 할 때 쓰이는 계약금액이 되는데, RFP를 배포하기 전에 작성된 금액은 민간사업자의 입찰가를 반영한 것이 아닌, PSC를 이용한 추정금액이므로 이를 Shadow bid(가상 입찰 대안)라고 한다.

이어서 보유 리스크 프리미엄인 Retained Risk는 정부 측에 더 많이 존재한다. 위의 PSC에서 $52였던 Retained Risk 비용이 AFP에선 $34로 떨어진 이유는 그만큼 민간사업자에게 리스크가 전가되었다는 것이다. 그 리스크는 Base Cost와 Financing Cost에 녹아져 있고, 산술적으론 $52-$34인 $18가 넘어가야 할 것 같지만 PPP Risk allocation의 대원칙인 "해당 리스크를 더 잘 관리할 사람이 그 리스크를 가져간다" 때문에 민간사업자가 더 잘 관리할 수 있는 리스크는 그만큼 리스크 프리미엄이 낮게 적용한다.

마지막으로 Ancillary Cost는 사업을 추진하는 데 필요한 관리나 거래비용을 의미한다. AFP의 비용이 더 높은 이유는 정부 입장에서 민자사업을 관리하기 위해 추가되는 관리 포인트들과 인력, 그리고 내·외부 전문가에 의한 사전 실사(Up-front due diligence)에 대한 비용을 반영해야 하기 때문이다.

여기에서 한 가지 추가될 점이 있는데, 바로 Competitive neutrality, 우리나라 말로는 '공정한 비교를 위한 조정항목'이다. 이 항목의 대표 요소는 세금과 보험 프리미엄이다. 민간사업자는 사업을 추진하면서 세금을 내는데 이는 정부의 수입원이 된다. 따라서 AFP에서 발생할 세금은 PSC에선 발생하지 않는 이득이므로 이를 PSC에 더해주어야 한다. 또한 보험 비용도 마찬가지이다. 예를 들어 대주가 차주인 민간사업자에게 사업 리스크에 대한 보험을 요구하면 보험 프리미엄이 발생하는데, 정부가 추진할 경우 그 부분이 없어지므로(이를 Self-insured라고 표현한다) 이 부분도 PSC에 적용한다.

위에서 언급한 모든 것들은 정량적 VfM 분석(Quantitative VfM analysis)에 해당된다. 정성적인 VfM(Qualitative VfM)도 존재한다. GTA A노선 보고서에서는 크게 서비스의 질 향상, 계약 체결 및 관리의 효율성, 위험분담 효과, 경영효율성 및 경제적 파급효과를 언급하고 있다.

미국 뉴딜정책과 같이 경기가 어려워지면 정부는 재정지출의 방식으로 통상 토목공사를 활성화하기도 하는데, 최근 몇몇 사업은 경제성(Quantitative VfM)이 부족함에도 정성적인 효과(Qualitative VfM)를 중심으로 고려하여 추진되는 사업도 많은 것 같다. 정성적인 가치는 평가 기준이나 상황에 따라 유동적일 수 있기 때문에 정치인들의 선심성 사업추진이 되지 않도록 국민들의 관심이 필요하다.

3.3

프로젝트 리스크의 Allocation

민관협력사업뿐만 아니라 일반적인 프로젝트 금융에서 리스크 관리는 사업과 관련된 여러 리스크를 더 잘 관리할 수 있는 자가 그 리스크를 부담함으로써, 리스크 Contingency(리스크에 따른 예비비)를 낮추고 전체 사업비를 절감하는 것이 핵심이다. 따라서 신용이 우수한 국가나 기업의 참여는 사업에서 매우 핵심적이며, 특히 이러한 참여자들이 주요 리스크를 부담한다면 프로젝트 금융이 완성될 확률이 매우 높아진다. 민관협력사업의 경우라면 여기에 한 가지 개념을 더 추가하여 "정부가 직접하는 것보다 전문가들이 더 참여함으로써 재정사업보다 더 큰 VfM를 취한다"는 내용이 더해질 수 있다.

민관협력사업뿐만 아니라 모든 인프라 개발사업은 건설뿐만 아니라 운영을 통해서 발생하는 미래 현금흐름을 기초로 수익 모델을 구축하고 이를 토대로 하여 주로 프로젝트 금융이라는 금융기법을 통해 사업을 추진하는데, 여기에 관련된 다양한 이해당사자들이 각각의 위험요소들에 대한 경감

방안을 검토한다. 사업의 특성별로 잠재적인 위험요소들이 상이하고 그에 따라서 각각의 리스크 중요도나 규모도 천차만별이지만 리스크를 크게 분류하면 사업 그 자체인 '프로젝트 리스크'와 사업이 존재하는 지역의 '국가 리스크'로 나눌 수 있다.

우선 프로젝트 리스크에는 크게 완공(Completion) 리스크, 성능(Performance) 리스크, 운영(Operation) 리스크, 환경(Environmental) 리스크가 존재한다.

완공 리스크는 공사기간에 잠재적으로 가장 큰 비용을 발생시킬 수 있는 리스크이며 대부분의 경우 시공사에게 Variation이나 설계변경이 매우 제한 되는 Fixed Lump sum EPC 계약을 통해서 전가된다. 사실 공사기간에는 수 많은 자원과 자본이 몇 년에 걸쳐 투입되기 때문에 당초 예측 불가능한 리스크(예를 들어 노무자 파업이나 질병 등과 같은)가 발생할 수 있으며 이를 모두 시 공사에게 부담시키는 것은 그만큼 리스크 프리미엄을 높이는 결과를 초래하기 때문에 비싼 형태의 리스크 관리 방식이라고 할 수 있다. 때문에 2017년 두 번째 FIDIC Silver book의 Guide에는 다음과 같은 문구가 존재한다.

> *During recent years it has been noticed that much of the construction market requires a form of contract where certainty of final price, and often of completion data, are of extreme importance. Employers on such turnkey projects are willing to pay more – sometimes considerably more – for their project if they can be more certain that the agreed final price will not be exceeded.*

출처 : Condition of contract for EPC/Turnkey projects

다만 위의 Silver book 탄생 배경에서도 언급하였듯, 장기간의 운영기간 및 자금조달이 연관되어 있는 PPP 사업에서는 더 비싼 비용을 지불하더라 도 어느 정도 예측 가능한 공기와 공사금액을 정할 수 있다는 것이 충분한 가치가 있다고 시장에서는 여기고 있는 것 같다. 완공 리스크 프리미엄을 낮추기 위한 대안으로는 프로젝트 회사가 시공사와 밀접하게 연계/소통하면서 그 리스크의 일부를 프로젝트 회사가 가져가는 방법이 존재할 수 있으나 섬세한 구조화와 충분한 프로젝트 회사의 역량이 요구될 것이다.

성능 리스크는 금융약정 시 제시된 현금흐름을 실제로 발생시킬 수 있도록, 인프라 시설의 성능이 약속된 수준을 달성하는지에 대한 리스크이다. 이는 운영자나 공급자, Off-taker의 요구조건 및 법이나 규제도 만족시켜야만 한다. 이런 성능 리스크는 보통 시운전 테스트나 하자보수의 실행, Performance L/D와 같은 형태로 시공자에게 전가되고, 시공자는 EPC 계약에 해당 리스크에 대한 비용을 반영한다.

운영 리스크는 완공 후 운영기간 동안 발생하는 리스크를 의미하며 장기간의 운영 및 유지보수 계획이 그에 해당된다. O&M을 위한 운영자, 공급자 및 Off-taker와의 계약을 통해서 리스크를 전가하는 방식은 프로젝트 회사가 직접 수행하는 것(예를 들어, SPC의 일부인 OI가 직접 운영기간 동안 인력을 고용하고 운영하는 등)에 비해 비싼 리스크 관리 방식일지도 모른다. 하지만 대주단의 원리금 상환의 대부분이 운영기간 동안 발생하기 때문에, 대주단은 원리금 상환이 불가능한 경우 그에 대한 책임을 질 당사자를 계약적으로 지정하는 것을 선호한다.

마지막으로 환경 리스크는 사업장이 존재하는 '부지'에서 발생 가능한 리스크이다. 아무리 프로젝트 회사가 사업 부지를 오래 보유하고 있다 하더라도 건설기간에 발생할 수 있는 환경적인 리스크를 100% 알 수는 없기 때문이다. 대부분 이 리스크는 EPC 계약과 함께 시공사에게 전가되지만 앞서 보았던 2017년 두 번째 FIDIC Silver book의 Guide에는 다음과 같은 문구가 있어, 시공사와 프로젝트 회사 간의 리스크 할당(allocation)에 대해 고민하도록 하고 있다.

These Conditions of Contract for EPC/Turnkey Projects are not suitable for use in the following circumstances:

If there is insufficient time or information for tenderers to scrutinise and check the Employer's Requirements or for them to carry out their designs, risk assessment studies and estimating;

If construction will involve substantial work underground or work in other areas which tenderers cannot inspect, unless special provisions are provided to account for unforseen conditions or

If the Employer intends to supervise closely or control the Contractor's work or to review most of the construction drawings.

출처 : Condition of contract for EPC/Turnkey projects

국가 리스크에는 정치적 리스크와 시장 리스크가 있다.

정치적인 리스크는 일반적으로 어떤 민간 기업이든 프로젝트 회사든 부담할 수 없는 리스크이기 때문에 정부가 부담한다. 일부 민간 기업이 이런 리스크를 부담하는 경우도 있으나 이 경우 사업비에 그만큼의 리스크 프리미엄이 더해지기 때문에 상업적으로 타당하지 않게 될 수도 있다. 일부 국가에서는 이런 정치적 리스크를 부담하는 것은 단순히 해당국에서 사업을 하기 위해 필요한 민간사업자의 의사결정 사안일 뿐이므로 다른 사업과 다르게 PF 사업에서만 이런 리스크를 정부가 부담하는 것이 공평하지 않다고 할 수도 있다. 하지만 리스크를 더 잘 부담할 수 있는 자가 그 리스크를 가져간다는 기본 원칙을 통해 보면 해당국의 정치적인 리스크는 정부가 부담하는 것이 더 타당해 보인다. 이런 정치적인 리스크의 일부는 World bank PPP 가이드에서 MAGA(Material Adverse Government Action)라고 별도로 분리하고 정부가 부담하도록 권장하고 있다.

마지막으로 시장 리스크는 시장 가격의 변동으로 발생할 수 있는 사업비 및 매출의 변동이다. 프로젝트 회사는 이런 리스크를 감당할 수 없기 때문에 각각 분리하여 다른 계약을 통해 전가를 하게 되는데 EPC나 Off-taker 계약 등이 해당된다. 선진국의 경우는 이 시장 리스크를 민간회사가 부담하지만 개발도상국에서는 발주자에게 부담시키는 경우가 더 많다. 그중에서도, 건설기간 및 운영기간의 시장 리스크를 각각 EPC와 O&M으로 전가한 후에 남는, 수요(Demand) 리스크는 장기간의 판매 계약이 없는 이상 불안정한 매출 및 미래 현금흐름과 직결되고 이는 프로젝트 회사의 리스크로 남게 된다. 따라서 글로벌 인프라 개발사업의 많은 부분이 안정적인 매출을 보장해줄 Off-taker가 존재하는 에너지 Sector에 집중되어 있다. 이런 수요 리스크를 넘어 사업을 일으키기 위해서 정부는 MRG나 A/P[19] 방식과 같이 프로젝트 회사의 수요 리스크를 줄이고 금융조달 타당성(Bankability)을 높일 수단을 제안하기도 한다.

　이런 인프라 개발사업의 리스크를 가장 효율적으로 분배하는 것이 프로젝트 금융의 핵심인데, 이를 국제금융기구에서 발표한 PPP 지식체계상 PPP Cycle에서는 구조화(Structuring)라고 한다. PPP Cycle 중에서 평가(Appraisal) 단계 후, 계약서 작성(Contract drafting) 전에 실시하는데 이 과정을 통해서 어떤 리스크를 어떤 계약을 통해 누가 가져갈지 정하는 것이다. 법학에서는 이를 법률관계라고 부르는데 권리와 의무를 명시하는 관계를 의미한다. 이런 법률관계를 구성하는 핵심 중 하나가 그러한 법률관계를 맺겠다는 의사 표시이며, 계약은 대표적인 의사표시 중 하나이다. 따라서 계약을 통해 권리와 의무를 나누면서 리스크를 분산하는 것이다. 물론 앞서 많은 사례들이 존재하기 때문에 이를 준용하면 소위 '시장에서 납득할 수 있을 수준'의 리스크 분배(Allocation)도 가능하지만 앞선 사례가 없거나 진정한 분석을 위해서 매번 모든 프로젝트마다 하나부터 열까지 리스크 식별, 평가 및 분배를 한다면 너무 많은 시간과 노력이 들기 때문에 Global Infrastructure Hub(GIH)에서는 미리 리스크를 어떻게 분배하면 합리적인지 프로젝트 종류별로 Risk Matrix 표준을 제시하고 있다.

⌐▢
_____

19 MRG: Minimum Revenue Guarantee

　AP: Availability Payment

| Figure 3-4 | Transportation - Toll Road (DBFO)에서의 Risk Matrix (출처: Al-location Risks in Public-Private Partnership contracts, 2016 edition - GIH)

Risk Matrix 1: Toll road (DBFO)

Risks			Allocation				Mitigation	Government Support Arrangements	Market Comparison
Category	Description	Variable	Public	Private	Shared	Rationale	Measures	Issues	Summary
Land purchase and site risk	The risk of acquiring title to the land to be used for a project, the selection of that site and the geophysical conditions of that site. Planning permission. Access rights. Security. Heritage. Archaeological. Pollution, hazardous materials. Latent defects. Easements, encroachments, setback, etc.	Developed			X	The Contracting Authority bears the principal risk as it is best positioned to select and acquire the required land interests for the project. However, there may be some areas where risk will be shared with the Private Partner. While the Contracting Authority may be able to secure the availability of the corridor, the suitability of the corridor may be dependent on the Private Partner's design and construction plan. The Contracting Authority would generally be responsible for providing a "clean" site, with no restrictive land title issues, as well as resolving issues with existing utilities and contamination. The Contracting Authority will normally hand over the site to the Private Partner in an "as-is" condition. The Private Partner may take the risk for dealing with adverse conditions revealed by surveys regarding unforeseeable subsoil risks. Where it is not possible to fully survey prior to award (eg in high density urban areas) risk will be allocated to Contracting Authority or shared. The risk of artefacts may be shared where the Private Partner may bear the risk in respect of designated areas, and the Contracting Authority may bear the risks of findings outside such areas.	The Contracting Authority should undertake detailed ground, environmental and social assessments and should disclose such information to the Private Partner as part of the bidding process. Such assessment should consider any easements and covenants, etc. that may encumber the land. The Contracting Authority should, to the greatest extent possible, ensure that it has a complete understanding of the risks involved in securing the site and those that will affect the construction and operation of the toll road. The Contracting Authority should also manage any indigenous land rights issues that may preclude the use of the site. Prior to awarding the contract, the Contracting Authority could (through legislation and a proper consultation process) limit the ability of land owners or adjacent properties and trades to raise claims on the land. The Contracting Authority should complete the process of land acquisition before the contract is awarded.	The Contracting Authority may need to use its legislative powers to secure the site (e.g. through expropriation / compulsory acquisition). Even in the case of a legally clear site, the Contracting Authority may need to invoke Government enforcement powers to properly secure the site for the private sector. There may be historic encroachment issues that the Private Partner is not best positioned to resolve. Examples include the relocation of people (e.g. the removal of informal housing or businesses) and continued efforts to manage the social and political impact of the project on and around the site including a compensation regime for affected properties adjacent to the road. The Contracting Authority may be required to provide additional site security / assistance during operations to manage this risk.	Land rights and ground conditions in developed markets are typically more mitigated with appropriate due diligence with relevant land registries and utility records. The Private Partner's obligations with regards to indigenous rights are generally well legislated in developed markets. For example, the requirement to enter into indigenous land use agreements under native title legislation in Australia and the equivalent under first nations law in Canada. On the other hand the rights of private landowners against forced sales or expropriation might be stronger in developed markets, requiring more time to acquire the land.
Land purchase and site risk	The risk of acquiring title to the land to be used for a project, the selection of that site and the geophysical conditions of that site. Planning permission. Access rights. Security.	Emerging			X	The Contracting Authority bears the principal risk as it is best positioned to select and acquire the required land interests for the project. However, there may be some areas where risk will be shared with the Private Partner. While the Contracting Authority may be able to secure the availability of the corridor, the suitability of the corridor may be dependent on the Private	The Contracting Authority should undertake detailed ground, environmental and social assessments and should disclose such information to the Private Partner as part of the bidding process. Such assessment should consider any easements and covenants, etc. that may encumber the land. The Contracting Authority	The Contracting Authority may need to use its legislative powers to secure the site (e.g. through expropriation / compulsory acquisition). Even in the case of a legally clear site, the Contracting Authority may need to invoke Government enforcement	Land rights and ground conditions in developed markets (in particular reliable utilities records, and land charges) in emerging markets may be less certain than in developed markets where established land registries and utility records exist. In the absence of legislation in emerging markets, indigenous

3 자금조달 시점의 돈

3.4

세상에서 가장 중요했던 숫자 LIBOR

이번 달 통장에 찍힌 숫자, 체중계에서 보여주는 숫자, 그리고 내 나이 등은 내가 사는 세상에서 엄청나게 중요한 숫자들이다. 대부분 비슷하지 않을까? 아, 매주 발표되는 로또 번호도 엄청나게 중요한 숫자이다. 이상하다, 이번 주는 내 차례인 거 같았는데...

국제적인 Financing 세상에서 보면 대출의 이자율이 준거 금리 + 가산 금리(Margin)로 산출되는 경우가 많다. 프로젝트와 관련된 리스크에 따라서 이 가산금리가 변동하게 되어있고, 그 결과값이 변동금리일 수도, 고정금리일 수도 있다.

하지만 이 '준거 금리'는 보통 미국 국채나 LIBOR(London Inter-bank Offered Rate) 금리를 사용했었는데, 왜일까?

LIBOR는 런던 은행 간 금리로서 런던의 대형은행들이 은행 간 조달을 통해 자금을 빌릴 경우 제시하는 단기 이자율의 평균이다. 이는 1969년 영국 Manufacturer's Hanover 은행의 런던 지점을 중심으로 한 8천만 달러

규모의 신디케이션론에서 최초 사용되었는데 은행의 신용위험을 포함한 평균적인 은행의 차입비용을 측정하는 개념이었다.

산출 방식은 매 영업일마다 IBA(ICE Benchmark Administration)가 패널 은행들로부터 금리를 제출받아 상하위 4개씩을 제외하고 나머지 금리들의 산술평균 후, 소수점 여섯 자리에서 반올림하여 계산하는데 설문조사 형태로 이루어지며 익일물부터 1년물까지 총 7개의 만기로 5개의 통화(USD, GBP, EUR, JPY, CHF), 즉 35개로 산출된다.

그리고 그 구성을 보면 익일물 무위험이자율(Overnight Risk Free Rate over the term), 기간 프리미엄(Term Premium), 은행 신용위험(Bank Term credit risk), 기간 유동성 위험(Term liquidity risk)에다 그 요소들이 기대와 다르게 나타날 위험에 대한 보상적 프리미엄인 기간 위험 프리미엄(Term risk premium)으로 분해가 가능하다.

그럼 왜 LIBOR 금리가 왜 준거 금리인가? 준거 금리는 무엇인가?

이자율은 돈을 빌려주는 대가로 채무를 가지고 있는 상대방이 돈을 갚지 않을 가능성에 대한 리스크, 즉 신용 리스크(Credit Risk)를 산정하여 이자율을 계산한다. 소위 1금융권보다 2금융권의 이자율이 높은 이유는 1금융권에서 대출을 받을 수 없는 신용 리스크를 2금융권에서는 수용한다는 의미이기 때문이다. 또 기간이 길어질수록 금리도 올라간다.

준거 금리라 하면, 기준점이 된다는 의미일 텐데 어떤 의미일까? 이는 무위험이자율을 통해서 이해할 수 있다. 무위험이자율이란 신용 리스크가 '0'인, 빌려주면 무조건 되돌려 받을 수 있는 이자율을 의미하는데 19년 12월 말 USD LIBOR 3개월이 1.96% 정도 된다. (일단 런던 은행 간 거래에서는 돈을 못 받을 리스크가 없다는 의미이기도 하다. 정확하게는 리스크가 없다고 "여겨지고 있다"라고 생각하는 편이 맞는 것 같다.)

| Figure 3-5 | 2019년 12월 30일 조회한 LIBOR 금리 (출처: KEB하나은행)

기준일: 2019 년 12월 30일 [전일 영국 런던시장 GMT + 11:00 기준 금리임]   조회시각: 2019년 12월 30일 00시분 06초

통화코드	7일	1개월	2개월	3개월	6개월	12개월
USD	1.60863	1.80475	1.85300	1.96050	1.92125	2.01200
EUR	−0.54771	−0.52014	−0.46529	−0.42629	−0.37743	−0.26400
JPY	−0.12417	−0.09217	−0.06650	−0.04233	0.02333	−0.11433
GBP	0.69800	0.70688	0.75875	0.79763	0.88225	0.97925
CHF	−0.89380	−0.79400	−0.73200	−0.69560	−0.61060	−0.49320

즉, 아무런 리스크 없이 받을 수 있는 이자율 1.96%를 기준점으로 선정하고 프로젝트에 관련된 리스크를 계산하여 프리미엄을 얹어서 해당 건을 위한 이자율을 산출한다는 것이다.

이 LIBOR 금리가 최근까지 각종 대출, 채권, 파생상품의 준거 금리로서 활용되어왔으며 2012년 기준으로는 USD LIBOR, GPB LIBOR, JPY LIBOR, CHEF LIBOR를 준거로 사용하는 금융 계약의 규모가 150조, 30조, 30조, 6.5조로 약 200조 이상의 금융 계약에 활용된 것으로 알려져 있으니 얼마나 많은 사람들이 이 숫자에 관심을 가질 수밖에 없었는지 알 수 있다.

참고로 LIBOR와 비슷한 EURIBOR도 약 150조 규모의 금융 계약에 사용되고 있는데 반면 EUR LIBOR는 2조 달러 미만으로, EUR를 기본으로 하는 금융 계약에는 LIBOR보다는 EURIBOR를 많이 사용한다고 알려져 있다.

상기의 기간물 중에서도 특히 USD LIBOR(1, 3개월)와 GBP LIBOR(3개월), CHF LIBOR(3, 6개월), EURIBOR(1, 3, 6개월)가 가장 많이 이용된다.

| Figure 3-6 | 준거 금리 및 기간물별 관련 금융시장 규모 (출처: FSB 및 산은조사월보 2018.10월)

기간	LIBOR					EURIBOR	TIBOR
	USD	GBP	EUR	JPY	CHF		
1M	Hight	Medium	Low	Low	Low	Hight	Low
3W	Hight	Hight	Low	Medium	Hight	Hight	Low
6M	Medium	Medium	Low	Medium	Hight	Hight	Medium
12M	Low	Low	Low	Low	Low	Medium	Low

주: ■ Hight : 잔액 1조달러 초과,   ■ Medium : 0.1~1조달러,   □ Low : 0.1조달러 미만

또한 자산별 LIBOR 연동 비중을 봐도 달러화 금융자산의 경우 신디케이션론의 97%, 변동금리부 채권의 84%, 상장 지수금리 옵션 및 선물의 각각 98%, 82%나 쓰이니 왜 LIBOR가 "세상에서 가장 중요했던 숫자"라고 불리는지 알 수 있는 대목이다.

하지만 세상엔 영원한 것은 없으니, 이런 LIBOR도 퇴출 논란이 지속되어 결국 2023년에 공시가 중단된다. LIBOR가 등장한 때에는 은행 간 자금시장을 통해 조달이 활발하였고 유동성도 많았으나 현재는 CD의 발행이나 RP 등으로 은행 간 자금시장이 유명무실해진 점도 있고, LIBOR가 설문조사 방식으로 이루어지기 때문에 12개의 주요 패널 은행들이 담합하여 금리를 낮게 조작한 사건도 있어서 그 한계를 드러냈기 때문이다. 결국 미국, 일본 등 주요 국가에서 대체금리에 대한 연구가 이루어졌고 현재는 SOFR, TIBOR, EURIBOR 등이 대체재로 사용되고 있다.

또 하나의 중요한 숫자인 미국 국채. 일단 미국은 국채를 발행하면 공개시장에 매각되거나 연방준비제도(FED)로 넘어가서 액면가대로 미국 달러를 발행하게 된다. 이 FED에서는 정기적으로 FOMC(Federal Open Market Committee)를 열고 연방기금(Federal fund)의 Target 금리를 지정하는데, 이 금리가 미국 기준금리라고 불리며 익일물에 대해 FED가 상업은행에 빌려

주는 이자율(혹은 할인율)을 의미한다. FED가 미국 금리를 조절한다는 것은 연방기금금리를 조절하는 것이고 이는 FOMC가 발표하는 기준금리 및 미국 재무부 채권과도 연동되기 때문에 사실상 미국 재무부 채권(미국 국채보다 정확한 표현)이 무위험이자율이자 준거 금리로서 활약할 수 있게 된다. 특히 US PP(US Private Placement)[20]를 통해서 자금을 조달하는 경우 미국 재무부 국채가 준거 금리로 활용된다. 지금 전 세계를 떨게 하는 FOMC의 정체이다.

현재와 같이 탈 글로벌화가 개시되기 전에는 대부분의 경우 USD LIBOR 3M과 미국 단기채(US T-bill 3M)가 비슷하게 움직이는 경향이 있었으며, 이 차이를 TED Spread라고 부른다. 일반적으로 LIBOR 금리가 연방기금 금리보다 몇십 bp 정도 높은 것으로 알려져 있는데, 2008년 서브프라임 모기지론에 의한 글로벌 금융위기가 발생한 시점에 TED Spread가 가장 높은 것을 알 수 있다. 코로나 영향이 본격화된 2020년 3월에도 잠시 높아졌었다.

이 당시 미국 기준금리와 국채 수익률은 FOMC에 의해 내려갔지만 LIBOR의 경우, 영국 대표 은행 간 돈을 얼마에 빌리겠냐는 설문조사로 산출되기 때문에 오히려 미국 은행들의 사태를 보고 은행의 신용 리스크에 대해 보수적으로 접근하면서 금리가 올라가게 된 것이니, 같은 준거 금리임에도 불구하고 접근 방식에 따라서 국제적인 불확실성에 반응하는 결과값이 다른 것이 흥미로운 부분이다.

TED spread는 이제 무의미하기 때문에 더 이상 공시되지 않는다. 국제적으로 가장 큰손인 미국과 영국 금융시장을 비교하는 것이 무의미해진 탓일 것이다.

---

20 사모사채시장으로 이해하면 된다.

| Figure 3-7 | Ted Spread (출처: Wikiwand.com)

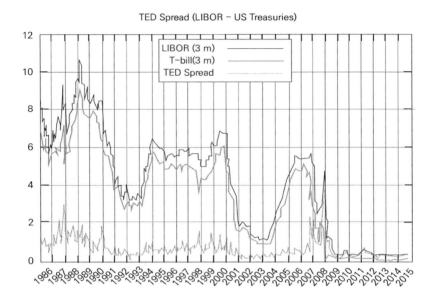

| Figure 3-8 | 최근 TED Spread (출처: Federal Reserve Bank of St. Louis)

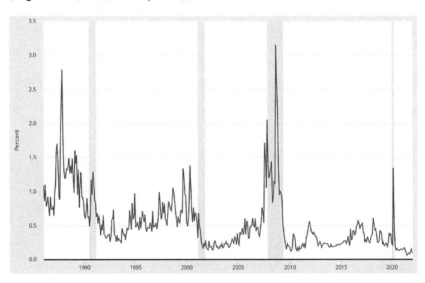

3 자금조달 시점의 돈

이것이 바로 사람들이 LIBOR와 FOMC 기준금리에 관심을 갖는 이유이다.

돈은 멈춰있지 않고 필요한 곳으로, 더 쓰임이 많은 곳으로 흘러가게 되어있으며 그 중심에는 준거 금리가 자리하고 있다. 미국이 기준금리를 올리기 전까지 시장에는 유동성이 넘쳐나고 그 돈이 부동산으로 비트코인으로 주식시장으로 흘러들어갔다. 왜? 기관투자자들이 대체투자인 부동산과 인프라에 투자할 돈을 늘린다고 했다. 왜? 사람들이 리츠시장에 관심을 보였다. 왜? 그 근간에는 바로 이러한 요소들이 존재하니 매일은 아니더라도 가끔 관심 가져주시길 바란다!

3.5

이제 세상에서 가장 중요해지고 있는 숫자 SOFR _____

LIBOR의 시대가 저물고 SOFR(Secured Overnight Financial Rate)의 시대가 다가왔다. 변동금리 대출의 경우 LIBOR가 공식적으로 발표되는 기한이 정해져 있기 때문에, 대체금리인 TIBOR나 SOFR로 대출약정서를 변경하여 관리를 시작하였다.

LIBOR는 앞에서 언급한 것과 같이, 영국의 주요은행들 간의 금리였고 참여 은행 간 담합 정황에 따라 퇴출수순을 밟게 되었다. 이를 대체할 USD 기준금리는 미국 대체 기준금리위원회(ARRC, Alternative Reference Rates Committee)의 연구를 통해서 21년 6월에 미국 시카고 소재의 세계 최초/최대 선물거래소 그룹인 CME(시카고상업거래소 Chicago Mercantile Exchange) 그룹이 공시하는 SOFR금리를 USD LIBOR 금리의 대체금리로 결정하였다.

ARRC의 중간보고서에 따르면 후보로서 'OBFR(Overnight Bank Funding Rate)'과 'Treasury General Collateral Repo Rate'가 뽑혔는데, OBFR은 미 연방준비제도이사회(Fed, 연준)가 발표하는 초단기 금리지표로 연준이 발표

하는 자료인 만큼 신뢰성이 확보되어 있는 반면, Treasury GC Repo Rate는 미 국채 등을 담보로 제공하는 초단기 금리지표로 연준 발표 대상에는 포함되지 않았으나 시장 규모가 커서 안정적인 자산으로 평가받았다고 한다.

최종적으로는 산출의 불확실성이나 시장 참여자들 간의 원활한 이행 가능성에 대한 걱정을 뒤로 하고 금융시장 참여자들 간의 상황을 더 잘 반영하고 안정성이 높으며 거래규모가 커서 위기 시에도 복원력이 빠른 SOFR가 결정되었다. (2개 후보 중 후자였던 국채 일반담보 RP금리(Treasury General Collateral Repo Rate)에 3자 간 및 일부 양자 간 거래를 포함하고 이름을 SOFR로 변경하였다.) 이러한 특성들이 어쩌면 준거 금리가 갖춰야 할 것들이며 그만큼 세계 금융시장에 미치는 영향력이 큼을 증명한다.

| Figure 3-9 | 익일물 국채담보 RP금리 종류 (출처: 주요국의 무위험지표금리 선정 기준 및 절차 – 지표금리 개선 추진단, 한국은행)

익일물 국채담보 RP금리 종류[1]

	3자간 repo [2]	GCF repo [3]	양자간 repo	
			일반담보	특정담보
① Narrow GC repo rate	▨			
② Broad GC repo rate	▨	▨		
③ Broad Treasury repo financing rate(SOFR)[4]	▨	▨	▨	

주: 1) 연준과의 거래는 금리산정시 제외

　　2) 담보증권의 보관·관리 서비스를 제공하는 청산은행(JPMC, BNYM 등)을 통한 거래

　　3) CCP인 예탁결제기관(DTCC)을 통한 거래

　　4) 특정담보 거래는 담보 확보 목적 등으로 금리가 낮을 수 있어 대부분 제외

| Figure 3-10 | 미국 무위험지표금리 후보의 장단점 (출처: 주요국의 무위험지표금리 선정 기준 및 절차 - 지표금리 개선 추진단, 한국은행)

미국 무위험지표금리 후보의 장 · 단점

	장점	단점
OBFR	- 이행과정 비교적 용이	- 상대적으로 거래규모 적음 - 분기말 · 연말 거래량 급감
SOFR	- 시장 유동성 풍부 - 복원성 우수	- 이행과정 복잡

자료: Alternative Reference Rates Committee

SOFR금리는 기본적으로 익일물(Overnight) 기준이기 때문에 LIBOR가 그러하였듯 1, 3, 6, 12개월의 금리가 필요했고 이를 Term SOFR라고 명명한 금리를 공식화하였으며 익일물 금리 및 기간물 모두 CME 홈페이지에 가면 최근 며칠의 SOFR금리를 확인할 수 있다.

다만 아직은 Term SOFR에 대한 금리스왑(interest Swap Rate(IRS)) 시장이 활발하지는 않다. 3개월이든 6개월이든 기간에 대한 리스크를 추가한 Term SOFR보다는 익일물을 단순 복리계산한 90일 Compounded SOFR가 대체적으로 활용은 가능할 뿐이지만, 이것도 곧 시장이 활성화되면 언제 그랬냐는 듯 안정화될 것이라고 생각한다.

| Figure 3-11 | 미국 대체금리 지표 후보 (출처: 주요국의 무위험지표금리 선정 기준 및 절차 - 지표금리 개선 추진단, 한국은행)

미국 ARRC의 예비후보 지표금리

내역	후보금리 선정 여부
Overnight unsecured lending rates (the EFFR or the OBFR)	O(OBFR)
Geeral collateral RP rates	O
Policy rates (the Fed Funds target, IOER, RRP rate)	X
Treasury bill or bond rates	X
Term OIS rates	X
Term unsecured lending rates	X

자료: Alternative Reference Rates Committee

이러한 변화는 단순히 대출약정서상 준거 금리의 변화만은 아닌 것 같다. 항상 언급되는 음모론 중 하나이기도 하지만 다들 알다시피 미국연방은행은 우리나라 한국은행처럼 공공기관은 아니고 민간 은행들의 연합체이다. 이번 대체금리 선정도 결국 뉴욕연방준비은행(NY FED)과 연방준비제도(FRB)가 만든 위원회에서 진행하였으며, 후보에 미국 국채금리가 있었음에도 그보다는 민간회사(CME)가 익일물들로 '복잡하게' 산정하는 SOFR금리로 결정되었다.

| Figure 3-12 | 　미국 ARRC 구성 내역 (출처: 주요국의 무위험지표금리 선정 기준 및
절차 - 지표금리 개선 추진단, 한국은행)

미국의 ARRC 구성 내역[1]

국명	당연직 회원	일반회원[2]	무의결권 회원	자문단[3]
기관 구성	FRB, NY Fed, 재무부, CFTC, OFR	투자은행 (주요 금리 파생상품 딜러)	민간협회(ISDA) 청산기관(CME, DTCC, LCH, BNYM)	자산운용사, 보험사, 리스사, 정부모기지기관, 세계은행 등
기관수(개)	5	15	5	15

주: 1) 2014.11월 기준　　2) 무위험지표금리 선정 투표권 보유　　3) 2016.5월 구성

자료: Alternative Reference Rates Committee

　　LIBOR가 지난 수십 년 동안 힘을 유지하고 있었던 이유는 전 세계적으로 영국이 가지고 있었던 금융의 힘이었다. 기축통화가 USD로 바뀐 이후에도 USD LIBOR라는 이름으로 영국의 영향력이 미치고 있었으나, 이제 기축통화의 준거 금리를 미국 자체적으로 결정할 수 있게 된 것이다. 그게 무슨 상관이냐고 물어볼 수도 있는데, 2022년 6월 현재 시점만 봐도 그렇다. 일본은 여전히 저금리를 유지하고 있고, 유럽연합도 이제서야 금리를 올리기 시작하는 상황에서, 자국 내 인플레이션 통제를 이유로 미국은 빅스텝과 그레이트스텝을 반복하고 있다. 결국 SOFR는 미국 내 RP금리를 기준으로 산정이 되기 때문에 미국의 기준금리 인상은 결국 SOFR금리의 인상이며, 그에 따라 미국을 포함한 전 세계에서 USD로 거래한 대출 비용이 더 증가하는 것을 의미한다.

　　나의 금리가 남의 나라에 의해서 결정되는 것이다. "뭐, 이미 글로벌 금융시장은 서로 복잡하게 얽혀있고 미국과 한국의 기준금리 역전 등 이미 미국의 영향력은 인지하고 있으며, 어차피 기존에도 영국이 결정하고 있었는데 뭘."이라고 할 수도 있지만 그때는 영국과 미국이 어느 정도 상호 견제하

며 미친 영향력이 같이 반영되었다면 이제는 미국 한 나라의 영향만 남았다는 뜻이니 금융시장 내 파워가 더욱 강해진 것이라고 볼 수도 있다. 어떤 책에서는 서방에 의한 양털깎기라 했었는데 이제는 미국에 의한 양털깎기로 봐야 할 듯하다.

원화가 기축통화가 될 가능성은 매우 낮아 보이니, 우리가 이제 더욱더 신경 써야 하는 것은 글로벌 경제상황만큼 중요한 미국의 경제상황이다. 내가 쓰고 있는 USD의 비용(그리고 그에 따라 같이 변하는 원화 기준금리 및 원화의 비용)에 대해서 선제적인 대응을 하기 위해서 말이다.

하지만 실상은 그냥 결과(처분)를 기다리며 사후 조치만 고민한다는 것이 국력 차이인가 싶다.

3.6

해외투자에 있어서 상대국의 기준금리의 의미

코로나의 영향력은 정말 어마어마하다. 지금은 급격한 기준금리 인상이 진행 중이지만 불과 3년 전인 2020년 초만 해도 이미 낮은 기준금리를 더 낮추고 있었다. 20년 3월 11일 영란은행(BoE, Bank of England)의 통화정책위원회는 특별 회의를 열고 9명의 위원 만장일치를 통해 영국의 기준금리를 50bp 낮춰 역사상 가장 낮은 수준인 0.25%가 되었지만, 코로나의 막바지인 현재 영국도 별수 없이 기준금리를 올려 현재는 3%가 되었다.

| Figure 3-13 | 영국 기준금리 (출처: 영란은행)

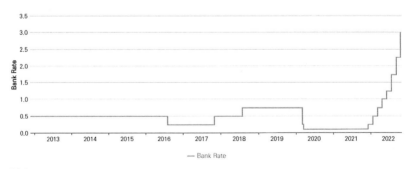

3 자금조달 시점의 돈

영국은 금융의 중심지 중 하나이지만 아마도 미국 기준금리에 비하면 영국 기준금리는 많이 접해볼 기회는 없었을 것이다. 영국은 특히 인프라 산업이 많이 민영화가 되어있고 투자자들도 인프라를 단지 투자자산의 한 유형으로 생각하여 거래가 활성화되어 있는 주요 국가 중 하나이기 때문에, 해외 투자자인 우리 입장에서는 영국의 기준금리도 한 번쯤 들여다볼만하다.

14~15세기 초 포르투갈로부터 시작된 대항해시대는 스페인이 16세기 후반인 1572년 잉카를 멸망시키고 중남미 식민 통치를 할 때까지 포르투갈과 스페인의 무대였다. 하지만 1588년 스페인의 아르마다 무적함대는 영국 해군에게 큰 피해를 입음으로써 그 이후 영국이 신흥 강자가 되었고 18세기 후반인 1770년, 1778년 각각 호주와 하와이를 발견할 때까지 대항해시대가 이어지게 된다.

하지만 프랑스와 9년 전쟁(1688년~1697년)을 벌이던 당시, 영국의 Royal Navy는 아직 완벽한 제해권을 갖지 못하고 있던 터라, 1690년 7월 비치 헤드에서 발생한 해전으로 인하여 프랑스 해군에게 받은 타격은 섬나라로서 큰 손해가 아닐 수 없었다.

당시 영국의 왕이었던 윌리엄 3세는 영국 해군의 명예 회복과 군비 보강을 위해 금이나 은을 필요로 했지만, 재정이 충분하지 않아 민간 은행으로부터 돈을 빌리고자 하였다.

1692년 영국 왕실이 제시한 이자율은 10%, 이후 14%까지 제안하였지만, 네덜란드 출신의 윌리엄 3세는 영국 내 지지도 약했고 9년 전쟁 자체가 네덜란드 출신인 윌리엄 3세가 영국 왕위에 오른 것에서 시작되었으니 영국 내 민간 은행의 호응은 별로 없었다. 처음에 1mil 파운드를 모으려고 했으나 결국 모집된 금액은 1/10, 현재로 보면 국고채임에도 불구하고 완전한 흥행 참패였다.

이렇게 되자, 돈이 필요한 영국 왕실은 1691년 스코틀랜드 출신의 사업가 윌리엄 패터슨이 제안한 Bank of England(영란은행, BoE) 설립 받아들인다. 이를 통해서 영국 왕실은 BoE로부터 원하는 만큼 돈을 빌릴 수 있었으며 BoE는 영국 왕실의 모든 대출을 관리하고, 대출을 해줄 수 있는 독점권과 국채를 담보로 화폐를 발행할 독점권, 그리고 BoE가 파산하여도 출자금까지만 책임이 있다는 유한책임 등의 권리를 얻어낸다. 이로써 왕실은 14% 국채로도 모으지 못한 돈을, 단 8%의 이자율로 빌릴 수 있게 되었다.

이 은행을 설립한 윌리엄 패터슨은 1.2mil 파운드의 돈을 출자하여 은행을 설립한 다음, 출자금만큼 8%짜리 국채를 사들여 왕실에 돈을 지원하는 한편, 이 국채를 담보로 화폐를 발행하여 8% 이자율로 민간에게 대출을 해주었다.

BoE 입장에서는 그 어디 쪽에서 부도가 나지 않으면 1.2mil 파운드를 가지고 영국 왕실로부터 8%, 민간으로부터 8%의 수익이 가능한 구조였던 것이다. 그러면서 파산하여도 출자금까지만 손해를 보니 남는 장사였다.

현대로 보면 8% 이자의 국채를 유동화함으로써 BoE가 일시에 자금을 확보하는 방법이 있겠지만, 국채만큼 화폐를 발행하여 대출을 해줌으로써 이자를 또 얻는다는 것은 신기할 따름이다. 아마도 BoE라는 갑툭튀 은행이 발행한 화폐를 시장이 믿지 못하였을 테니 영국 왕실 국채를 담보로 잡았던 것으로 생각된다. 일종의 금태환과 같은 것이랄까. 어쨌든 간에 이 국채는 그 주변을 금테를 둘러서 발행하였다고 하여 Gilt Edged Securities라고 불렸는데, 현대에는 이를 줄여서 영국은행에서 발행하는 국채를 Gilt라고 부른다.

이후 1844년 은행승인법에 따라 BoE에 독점적으로 화폐를 발권할 권한을 부여하고 금 보유고와 화폐 발행이 연동되는 금본위제를 실시함으로써 기존에 다른 은행들도 가지고 있던 은행권 발권 권한이 상실되었으며, 결국 1866년 대공황으로 최종 대출자의 역할도 수행하게 되었다. 이 금본위제는 1931년까지 유지되었고 현재는 영국 재무성의 금 보유고 관리 기능이 BoE로 넘어가 현재까지 유지되고 있다.

이후에 BoE는 일반 상업은행에서 중앙은행으로 변모하였고, 노동당에 의해 1946년 국유화, 1998년 공기업으로 전환되면서 발행 업무를 담당하다가 1998년 국채의 발행 업무가 재무부 산하의 부채관리청(Debt Management Office, DMO)으로 이전되었다.

| Figure 3-14 | Libor 대비 Gilt의 리스크와 수익률 (출처: The Actuarial Profes-
sional 자료)

Comparison of Rates

Yield

Bank-issued Bond

LIBOR
(inter-bank offer rate)

SONIA
(overnight)

General collateral repo

Gilts

Expected default losses

| Figure 3-15 | Gilt (출처: https://www.brecorder.com/)

현재 이 Gilt는 영국 정부의 재정적자 대부분을 충당하는 수단으로 평균 10~13년이 되는 장기채이다. 보유 주체의 절반 이상이 내국인일 정도로 home-biased 되었으나 안전자산으로서 다른 은행이나 외국인 투자자들에 의해서 선호되므로 발행에 큰 어려움은 없다고 한다.

대부분의 Gilt는 Conventional Gilt인데 발행된 내용은 DMO 홈페이지에서 확인할 수 있다. 최근에 영국 정부의 Green Financing Framework에 따라서 Green Gilt도 2021년에 발행된 것으로 보인다. 현재 Gilt는 영국뿐만 아니라 인도, 아일랜드, 남아프리카 공화국과 같이 영국의 손길이 미쳤던 국가에서도 사용되는 용어로 남아있다.

이 Gilt는 앞서 언급한 바와 같이 영국 내 주요 인프라 자산의 대출 금리를 산정하는 기준이 된다. 예를 들어 Gilt+00bp와 같은 형태가 되는 것이다. 다른 모든 채권과 같이 Gilt도 기준금리의 영향을 받게 되어있으니, 기준금리가 낮아짐에 따라서 Gilt의 가격은 오르고 수익률은 하락한다.

| **Figure 3-16** | 최근 10년 만기 Gilt 금리 추이 (출처: Marketwatch.com)

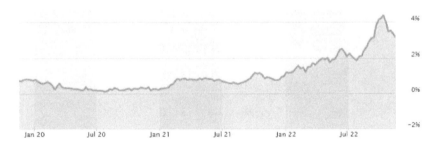

20년 3월 10년 만기 Gilt의 금리는 0.4% 수준이었으나 현재는 3.0%에 육박하고 있다. 기준금리 하락에 따라서 Gilt의 금리도 하락하였을 때는 자연스럽게 Gilt를 기준으로 삼는 인프라 자산의 신규 대출 금리도 낮아졌겠지만 22년 11월 현재에는 3.1%이다. 아무도 몰랐겠지만 2022년 5월 무렵

3 자금조달 시점의 돈

1.0%의 금리 인상을 단행했고 바로 그 다음 달 0.25%를 또 올렸다. 미국이 올리니 덩달아 올라간다.

　기준금리야 대출에 영향을 미치니깐 그렇다 치고, 다른 의미에선 왜 이게 중요할까? 이는 바로 해외 인프라 자산에 투자하는 국내 보험사들의 수익률과 관계가 있기 때문이다. 다들 알다시피 국내 보험사들은 은행과 다르게 장기 인프라 투자가 가능한데, 영국은 주요 투자대상국 중 하나이다. 여러분이 납입한 보험료를 보험사에서 잘 운용하여 적정한 수익률이 나와야 보험사도 망하지 않고, 여러분이 청구하는 보험금도 잘 나오는 것인데, 이렇게 영국 자산의 금리가 감소해서 투자를 할 수 없거나 낮은 금리의 투자만 가능하다면 결국 그것은 보험사가 이미 투자한 영국 자산의 수익률에 영향을 미칠 수도 있고, 앞으로 투자가 가능한 영국 인프라 자산이 줄어드는 것을 의미할 수도 있다. 그래서 중요하다. 보험회사는 대출뿐만 아니라 안정적인 지분투자도 하기 때문이다.

　물론 보험사에 계신 투자역분들은 이를 충분히 인지하고 수익률 향상을 위해 투자 다변화를 하고 있으며, 또한 당연히 자금을 인프라에 올인하지 않고 포트폴리오로 관리하기 때문에 Gilt가 떨어진다고 국내 보험사가 즉시 망하는 것은 아니다. 하지만 이렇게 코로나 등으로 인해 전 세계 금융이 불안해지고 장기화되면 결국 여러분들의 보험사도 영향을 어느 정도 받는 것이니, 참으로 Global한 세상이지 않은가.

3.7

신용등급, 기준금리 그리고 스프레드(Spread) _____ 💰

　　민영화된 공항의 신용등급 하락은 단순히 "승객수가 줄어서 수익이 잘 안나겠네, 힘들겠다."에서 그치지 않는다. 하나의 회사로서 운영되는 공항이 파산하느냐 아니냐의 중요한 순간이 될 수도 있다는 의미이다.

| Figure 3-17 |　브리즈번 공항 (출처: 브리즈번 공항 홈페이지)

　　　　　　　　　　　　　　　　　　3 자금조달 시점의 돈

일례로, 코로나가 한창이던 2020년 Moody's는 브리즈번 공항의 신용등급이 하락할 수 있음을 시사하였다. 당시 브리즈번의 장기 회사채 신용등급은 Baa2이었고 중요한 것은 2020년에 AUD 550mil 이상의 차환(Refinancing)이 필요했다는 것이다.

10월 만기인 회사채 AUD 350mil(13년 발행, 7년 만기, 이표 6%, 당시 Spread 180bp)와 11월에 만기인 은행 대출 AUD 215mil가 그것인데, 보통 회사는 타인자본을 이용한 레버리지(leverage)를 통해서 자기자본에 대한 수익률을 높이고, 만기가 도래하면 이자보상비율 등 원리금을 안정적으로 상환하겠다는 지표를 통해 기존의 타인자본을 차환함으로써 레버리지를 유지하고자 한다. 당연히 브리즈번 공항도 동일하다.

브리즈번 공항은 2019년에 각각 10년, 12년 만기의 USD로 발행한 사모사채(USPP)를 UST+120bp, UST+130bp로 조달하였고, 그보다 2년 앞선 2017년에는 같은 사모사채 방식으로 10년, 12년, 15년 만기의 3개 Tranche, 총 USD 300mil를 각각 UST+130bp, +140bp, +155bp로 조달하였다.

보통의 경우, 이렇게 타인자본을 조달할 때의 금리를 Cost of Debt 혹은 Pricing이라고 하는데, 기본적으로 준거 금리(reference Rate) + 해당 자산의 리스크 혹은 가산금리(Spread)로 구분하여 생각할 수 있다.

우리나라 기준금리는 금융기관과 거래하는 7일물 환매조건부증권(RP)의 이자율이다. 이를 준거 금리라고 한다면, 10년짜리 국채는 '+10년에 해당하는 기간'이라는 기간 리스크가 더해져서 이자율이 산정되는 것이고, 5년 회사채는 '+5년의 기간 및 회사의 신용 리스크'를 더해서 금리가 정해진다. 정부 역시 다른 회사와 마찬가지로 채무자로서 원리금을 지급하지 못할 리스크, 즉 신용 리스크가 존재하는데, 이 신용 리스크가 바로 각 국가가 가지고 있는 신용 등급이다. 다행히 한국은 S&P AA, 호주는 S&P AAA로 국가가 지급을 하지 못할 상황은 매우 낮다고 평가받고 있다.

따라서 앞서 브리즈번 공항이 17년과 19년에 조달한 10년짜리 회사채의 금리는 UST를 준거 금리로, 채권 만기와 브리즈번 공항의 신용등급을 고려하여 120~130bp라는 스프레드(spread)로 Pricing이 되었다고 할 수 있다.

| Figure 3-18 | 미국 국채 10년물 금리추이 (출처: Y-chart 20.4.16 기준)

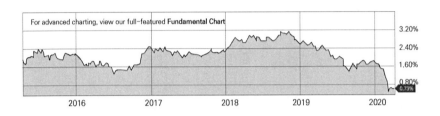

기준금리는 미국 상황에 따라 연방준비기금이 정하는 것이기에 따르면 그만이지만, 스프레드는 각 회사의 상황 및 금융시장에 따라 달라질 수 있다.

| Figure 3-19 | Moody's Baa(하) 및 Aaa(상) 회사채 Yield 추이 (출처: Y-chart 20.4.16 기준)

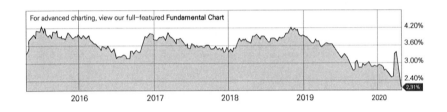

Moody's Baa 신용등급의 회사채의 수익률(Yield)은 2017년 1월 초에 470bp 수준, 2019년 1월 초에는 512bp 수준이었다. 2017년 1월 초 UST는

245bp, 2019년 1월 초 267bp 정도 하였으니, Moody's Baa 신용등급의 회사가 10년 회사채를 발행하면, 그 리스크에 대해서 약 225~245bp의 프리미엄이 붙는 것이다(위의 Yield는 만기 시 수익률(YTM)을 의미하며 투자자가 본 채권 만기 보유 시 예상되는 수익률을 의미한다).

같은 논리로 브리즈번 공항은 10년 회사채는 2013년에(AUD이지만) 180bp, 2017년에 120bp, 2019년에 130bp의 리스크 프리미엄(혹은 스프레드)으로 금리를 조달할 수 있었다. (정확한 비교를 위해서는 해당 자산이 속한 국가 및 발행 통화, 비슷한 리스크를 가진 산업이나 신용등급의 회사의 채권 수익률과 비교해야 하지만 여기서는 개략적으로 개념만 다루기로…) 하지만 금번 코로나 바이러스로 인해서 글로벌 금융시장이 흔들리고, 공항은 공항대로 신용등급이 떨어지면서 요구되는 스프레드가 늘어난 것이 앞의 그래프 오른쪽 끝에 나타난 변동폭이다(불과 몇 달 차이로 spread가 크게 변동하였다).

불행하게도 딱 금리가 상승한 시기에 회사의 부채가 만기에 도달한 경우, 회사는 평소보다 비싼 이자를 부담하면서 차환을 해야 하거나, 보유 중인 현금으로 상환을 해야 한다. 다행히 브리즈번 공항의 경우 2020년 10월, 11월 만기였기 때문에 시장이 어느 정도 안정이 된 다음에 조달을 할 수 있었을 것으로 예상된다. 실제로 우리나라 뉴스에서도 보았듯 2월에 어음이나 사채가 만기인 회사들은 더 불리한 조건으로 타인자본을 조달해야 하거나, 그마저도 시장이 얼어붙어 (혹은 유동성이 떨어져) 조달하지 못할 경우 부도가 날 가능성이 있는 것이다. 그래서 미국 연준이 지방채, 정크본드 등 회사채를 사들이겠다고 한 것이고, 우리나라도 금융회사에 자금을 지원하고 유례없는 무제한 양적완화를 하겠다고 발표하는 것이다. 2022년 하반기에 있었던 회사채와 유동화증권 차환 사태도 궤를 같이한다.

코로나 기간을 보내면서 대체투자, 그것도 인프라 자산에 대한 수요가 더 높아질 것이라는 의견이 많았다. 주식채권과 같은 전통적인 자산과도 결이 사뭇 다르고, 부동산보다 계약을 통한 안정성이 크며, 대박은 없지만 그래도 이번 위기에서 인프라 자산이 보여준 안정성은 투자자로 하여금 포트폴리오에 인프라 자산을 보다 많이 포함시켜야겠다는 인상을 남겼을 것이라고 생각된다.

우리는 경기가 어려울 때마다 정부가 SOC 투자를 통해서 경기를 부양해야 한다는 내용을 많이 접하지만 금융 투자의 세계에서도 위기의 순간에 안정성을 유지하는 인프라는 참 매력적이면서 정말 사회 "기반"이라는 느낌까지 준다.

2020년 코로나 확산 이후 2년이라는 시간이 흘러 이제서야 하늘길이 열리고 있다. 2년이 지난 이 시점에서 같은 논리로 보자면 현재의 10년 미국 국채(UST) 금리는 3.2%이다. 현재 Moody's Baa 신용등급의 회사채의 수익률은 5.39%이다.

따라서 브리즈번 공항의 신용등급이 Baa라고 하고 USPP 시장에서 자금을 조달한다고 가정하면 제안될 금리는 UST+스프레드로 표시될 것이고, 단순히 계산하면 5.39%-3.20% = 2.19% 수준의 스프레드로 나타낼 수 있다. 앞서 예를 들었던 것처럼 Moody's Baa 회사채의 스프레드가 17년 및 19년도에 225~245bp이었으니 과거보다는 살짝 낮아진 수준이라고 이해된다. 같은 논리로 브리즈번 공항의 경우도, 13년에는 180bps, 17년 및 19년에는 약 130bps의 스프레드로 회사채를 조달하였으니, 아마도 지금은 그보다 더 낮은 스프레드로 조달하지 않았을까?

| Figure 3-20 | 미국 국채 10년물 금리추이 (출처: Y-chart 2022.6.29 기준)

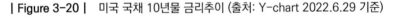
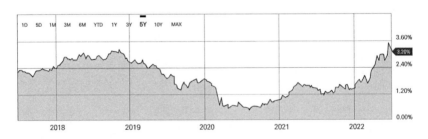

3 자금조달 시점의 돈

실제 스프레드는 이 공모채 모집에 참여하는 기관의 수요나 현재 금융 시장 상황 등을 전체적으로 반영한 시장논리가 개입하기 때문에 다를 수 있겠으나, 큰 틀에서 본다면 현재 Baa 신용등급의 회사에 대한 신용 리스크는 코로나 확산 전과 비슷한 수준으로 보고 있다고 하니 금융시장 자체는 안정화되었다고 생각할 수도 있겠다.

| Figure 3-21 | Moody's Baa(하) 및 Aaa(상) 회사채 Yield 추이 (출처: Y-chart 20.6.28 기준)

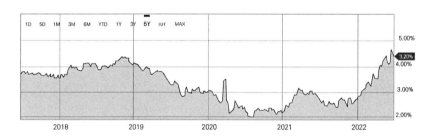

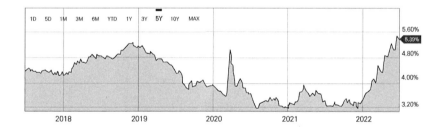

3.8

Loan과 Bond

재무제표상에서 자산(Asset)을 구성하는 것은 크게 자기자본(Equity)과 타인자본(Debt)이다. 타인자본을 조달하는 방식은 크게 Loan과 Bond가 있으며 둘 다 인프라 금융에서 활용이 가능하다. 그럼 Loan과 Bond의 차이는 무엇일까?

| Table 3-2 | Bond와 Loan의 차이 (출처: www.economichelp.org)

	Bond(채권)	Loan(대출)
유사성	둘 다 회사나 정부가 돈을 빌리는 방법이다. 회사 및 정부는 매년 채권이나 대출에 대한 이자를 납입한다.	
주요대상	채권은 회사나 정부에 의해서 단독으로 판매된다.	대출은 기업이나 일반고객이 돈을 빌리고자 할 때 사용한다.
이자율	보통 특정기간 고정금리이다.	고정금리도 가능하나 변동금리가 더 일반적이다.
공급자	채권은 채권시장에서 판매되며 주로 금융 투자자가 매입한다.	대부분의 대출은 은행에서 제공한다.
거래	채권은 쉽게 채권시장에서 거래되며 가격은 변동한다.	거의 최초 대출을 제공한 은행이 보유한다.
예시	10년 미국 Treasury Bond	일반적인 은행 대출

일단 결론부터 말하자면 Loan은 자금을 빌리기 위한 상호 간의 '계약'이고, Bond는 채권시장에서 채권이라는 금융'상품'을 발행함으로써 자금을 빌리는 것이다. 일반적으로 인프라 PF를 추진하는 데 있어서 대주단과 협상의 시간이 길게 걸리는 이유는 여기서 활용되는 타인자본이 대부분 Loan(대출)의 형식을 가지기 때문이다. 무슨 말이냐 하면, Loan은 차주와 대주, 둘 사이에서 맺는 일종의 '계약'이기 때문에 협상 및 조정의 여지가 다분하다. 또 다른 특징으로는 협상을 해야 할 대주의 숫자가 제한적이고 금액도 상대적으로 적다는 것을 의미한다.

Term Loan A(TLA), Term Loan B(TLB)도 많이 사용하는 용어인데, TLA는 주로 은행들이 투자하는 5년 내외의 대출 Tranche로 기간(Term)을 적절히 나누어서 전부 상환되는 구조(Full amortization), 상당 부분(Ballon payment) 혹은 만기 일시상환(Bullet payment) 등의 원금상환 방법이 가능하다. 당연히 은행 입장에서는 만기에 일시 상환되는 리스크보다는 기간 내에 적절히 나누어서 전부 상환되는 구조(Full amortization)를 선호하는데, 프로젝트나 사업주 입장에서는 현금흐름에서 원금상환 부분만큼의 추가 부담이 발생한다.

TLB는 장기간의 투자를 선호하는 기관투자자 등이 투자하는 institutional loan이라고도 불린다. TLA보다 약정(Covenant) 수준이 완화되고, 원금상환에 대한 유연성이 존재하나 TLA보다 높은 금리를 요구한다. 또한 금리 Step-up조항이나 조기상환에 대한 보호조항, 초과현금흐름(Excess cashflow, ECF)에 대한 Sweep 조건[21] 등이 있을 수도 있다.

영국법을 사용하는 곳에서 TLB는 Subordinated loan이나 Mezzanine debt으로 해석되는 경우도 많으나, 미국법이 사용되는 곳에서는 TLB도 선순위(Senior debt)로 취급받는다고 한다.

그럼 Bond는 무엇인가. Bond는 일반적으로 우리가 잘 아는 채권을 의미한다. 미국 국채, 우리나라 국채, 삼성전자 회사채 등등... 기업금융 측면에서 보면 회사는 채권시장에 회사채를 발생함으로써 자본을 확보할 수 있으나 인프라 금융에서는 완전하게 공개된 시장을 통한 Bond 발행보다는 몇몇 특정한 요건을 갖춘 투자자만 참여하는 시장, 즉 Private Placement시장에서 Note(Project Bond, 사모사채라고도 함)로 발행되는 경우가 많은데 미국 USPP시장이 가장 활발하다. Note는 Bond와 Loan 중간 정도의 개념으로 이해하면 될 것 같다. 이는 '시장에서 상품'으로 발행된다는 것과 '상호 간의 계약'의 차이를 통해 이해해볼 수 있는데, '시장에서 상품'으로 발행된다 함은 시장에서 요구하는 틀에 맞춰서 필요한 정보를 공개하고, 또 발행 이후에 시장 내에서 거래가 가능하다는 것을 의미한다. 한 기업이 코스닥이나 코스피에 상장했다는 것은 해당 시장에서 요구하는 수준(투명성 등)을 기업이 충분히 갖추었고, 그 회사가 발행한 주식이 시장 내에서 자유롭게 거래될 수 있다는 것을 의미하며, 반면 해당 수준을 맞추지 못하면 상장 폐지되는 것과 같은 개념이다.

---

21 Cash Sweep이라고도 하는데 예정된 상환 일정 외에 유보된 현금의 일부를 의무적으로 조기상환하게끔 하는 조항이다.

| Table 3-3 | 코스닥 및 코스피 상장 조건 (출처: 한국거래소)

구분	코스닥	코스피
기업규모	자기자본 30억원 이상 또는 시가총액 90억원 이상	자기자본 300억원 이상
영업활동 기간	3년 이상	3년 이상
겨영성과	다음 중 하나에 충족 당기순이익 20억원 이상 ROE 10% 이상 매출액 100억원 & 시가총액 300억원 이상 매출액 50억원 & 매출증가율 20%	매출액 1,000억원 이상 & 평균 700억원 이상이며 다음 중 하나에 충족 이익액: 최근 30억원 & 3년 합계 60억원 ROE: 최근 5% & 3년 합계 10% 이상 자기자본: 1,000억원 이상 법인인 경우 아래 요건 충족 1) 최근 ROE 3% 또는 이익액 50억원 이상 2) 영업 현금흐름이 양수일 것

다시 돌아가서 미국 채권시장에는 다양한 상품 형태가 존재하나 USPP(사모사채)시장에서 인프라 금융과 관련된 형태는 144A와 4(a)(2) 방식이 일반적이라고 할 수 있으며 144A는 Bond에 더 가깝고 4(a)(2)는 Loan에 더 가까운 성질이 있다.

144A는 보다 많은 투자자(하지만 자격을 갖춘(Qualified) 투자자, QIB라고도 함)를 대상으로 발행되는 Note인데 발생에 소요된 시간이 짧기 때문에 각각의 투자자는 프로젝트에 대한 충분한 검토가 어려우며, 따라서 프로젝트 내용 및 실사 자료를 발행자가 부담해야 한다. 하지만 참여자가 많고 144A로 발행되었다는 이야기는 그만큼 요건을 갖추었다는 의미이므로 큰 금액을 모집할 수 있는 장점이 있다. 즉 채권시장에서 발행되는 Bond의 성격이 강하다.

반면 4(a)(2)는 소수의 투자자를 대상으로 하며, 프로젝트에 대한 실사를 투자자가 하고, 투자자는 발행자와 추가적인 협상을 통해서 세부 사항 등을 조정할 수 있는 여지가 있다. 따라서 상호 협의가 가능한 장점이 존재하나 144A보다 적은 금액 조달에 적당하고 이미 서로를 위해 조건이 조정된

Note이므로 시장 내에서 거래가 될 확률(즉, 유동성)은 좀 떨어진다.

Loan과 Bond 중에 무엇이 더 좋은가? Loan은 자금조달에 시간이 걸리니 더 짧은 Bond가 좋은가? 그렇게 접근할 수 있는 문제는 아닌 것 같다. Loan은 그 나름대로의 장점이 있다. 프로젝트에 맞게 사업주와 대주가 협의할 충분한 시간이 주어지고 상호 간의 계약이다 보니 Bond처럼 해당 시장에서 거래하기 위한 추가 요건이 없다. 반면 Bond는 요건을 갖추고 준비만 되면 순식간에 자금을 조달할 수는 있겠지만, 요건을 갖춘 것과 실제로 투자할 사람들이 모인다는 것은 다른 개념이니 소위 "흥행"하지 못하면 이건 누구한테 하소연할 수도 없다.

그럼에도 불구하고 2012년부터 유럽에서는 기존의 은행대출 외에 인프라 PF를 위한 대안으로 Project Bond Initiative(PBI)를 준비하였다. 골자는 EIB의 신용을 이용하여 프로젝트 본드의 신용등급을 높이고(Credit Enhancement) 이를 이용하여 민간 투자자가 인프라 PF에 투자하게끔 유인하는 것이다. EIB가 원금/원리금을 보증하는 Bond가 시장에서 발행되면 해당 Bond는 EIB의 신용등급을 따르게 되어 자연스럽게 Bond에 투자하는 투자자의 요구수익률(이자율)은 낮아지고 관심 있는 투자자들이 늘어나게 된다. 우리나라 수출입은행도 비슷한 방식이 가능하다.

3 자금조달 시점의 돈

| Figure 3-22 | PBI structure (출처: EU)

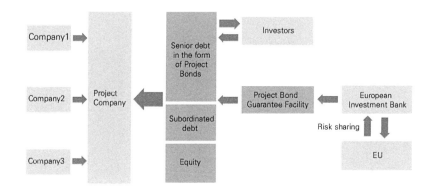

이런저런 복잡한 이야기가 많았으나, 결론은 Loan은 계약이고 Bond는 시장에서 거래되는 상품인 것으로 정리할 수 있다.

한편 계약인 Loan의 거래도 활성화시키려는 노력이 존재한다. Loan도 약정서상 엄연하게 채권자(대주)를 변경(거래)할 수 있도록 되어 있는데 이를 대출채권의 양수도라고 한다. PF에서 총액인수한 은행이 자신의 대출금액 일부를 다른 은행에게 넘겨주는 행위와 같다. 이를 Secondary Market이라고도 부른다.

아무래도 Bond에 비해서 Loan은 정형화시키기가 어렵지만 그럼에도 불구하고 표준화시키고자 하는 노력이 있는데, 미국의 경우 LSTA(Loan Syndications and Trading Association)가, 유럽에서는 LMA(Loan Market Association)라는 단체가 대출 거래시장을 활발하게 만들려고 표준양식을 제공한다.

변호사분들이 영문 약정서를 만들 때, 보통 이런 표준양식들을 참고하게 된다. 표준화의 장점은 표준만을 기준으로 무엇이 변경되었는지만 보면 되기 때문에 계약서 검토에 대한 노력을 줄여 거래를 빠르고 안전하게 (그래서 활성화되게) 할 수 있도록 만든다는 것이다.

3.9

Bond 이야기 – 자본시장에서 돈 빌리기 _____ 💰

    자본시장(Capital market)을 지식사전에서 검색하면 "사업의 창설·확장·개량 등, 기업의 투자를 위하여 필요로 하는 자금의 조달이 이루어지는 시장"이라고 나온다. 더 상세하게는 넓은 의미에서 금융시장을 구성하는 1년 미만의 단기 자금조달과 1년 이상의 장기 자금조달 중에 후자를 의미하며, 주로 시설투자를 위한 자금이라고 설명하기도 한다. 자본시장의 주된 자금 공급자는 자본주의 발전 수준에 따라 투자은행, 신탁은행, 보험회사, 증권회사 및 정부 금융기관 등이 있고, 이들은 동산·부동산담보의 장기대부에 의해 최종적 자금수요자(차입자)에게 설비자금을 융자하는 한편, 유가증권의 발행·인수 및 투자에 의해 장기자금을 공급한다. 일부 상업은행의 장기 대출도 자본시장에 포함하는 경우도 있다.

    이런 투자기관들은 상업은행과 같은 수신기능이 없는 경우가 많기 때문에 내부적으로 활용 가능한 자금은 자기자본이나 별도로 조달한 타인자본에 의존한다. 보통 저축예금, 금전신탁, 보험료의 수입이나 주식·채권, 기타의 수익증권의 발행·매각을 통해서 조달한다.

2013년 정부는 한국의 금융시장을 발전시키고 한국형 골드만 삭스를 의미하는 초대형 IB(투자은행)를 만들겠다고 하면서 증권사가 선진형 투자은행으로 발전할 수 있도록 '종합금융투자사업자' 제도를 도입했다. 골자는 일정 요건을 갖춘 증권사에 기업 신용공여[22] 업무를 허용하겠다는 것이었다. 2016년에는 초대형 IB 프로젝트를 본격화하면서 자기자본 4조원 이상의 증권사에 발행어음 업무를 허용했다. 발행어음이란 초대형 IB 증권사의 신용을 기초로 단기 어음을 발행하여 자금을 확보하는 것을 의미하는데, 기업 신용공여와 발행어음 업무가 더해져서 현재와 같이 증권사가 중심이 되는 부동산 프로젝트 파이낸싱(PF)시장이 만들어진 것도 과언이 아닐 것이다.

크고 작은 인프라 사업에 필요한 자금은 당연히 시설투자를 목적으로 하는 장기의 자금이다. 현재까지 국내외에서 이런 자금은 은행 장기 대출의 형태로 조달되어 왔지만 꼭 그런 형태로 자금을 조달해야만 하는 것은 아니며 자본시장을 이용하여 유가/수익증권의 발행 등을 통해서도 자금을 조달할 수 있다. 대표적인 예는 펀드이다. 펀드의 수익증권 발행을 통해서 모인 자금으로 인프라에 투자/대출해주는 것인데, 보통 보험회사 같은 기관투자자들에게 이러한 수익증권을 발행하게 되니 사실상 기관투자자들 입장에서는 직접대출과 비교해볼 때, 대주단의 대리은행의 역할을 펀드의 자산운용사가 대신하는 느낌이 더 강한 것 같다. 49인 초과의 공모펀드의 경우, 지난 정권에서 추진하였던 K뉴딜 펀드와 같이 시장의 유동성을 펀드의 수익증권으로 모집하여 인프라에 투자하는 것이지만 일반투자자들을 대상으로 장기간 묶어놓을 투자금을 모집하는 것이 쉽지는 않은 일이다. 그렇다고 일반투자자에게 매력적으로 보이기 위해서 시장에서 받아들여지지 못할 정도의 높은 이자율을 제시할 수는 없는 노릇이다. 왜냐하면 그건 일종의 높은 시

---

22 신용공여는 여신(대출)을 포함하는 개념으로 대출 및 지급보증뿐만 아니라 기업어음, 기업 채권 매입, 외화 대출 등이 포함된다.

장 교란 행위이기 때문이다.

자산의 유동화도 자본시장을 통해서 장기자금을 조달하는 방식이 될 수 있다. 유동화SPC를 대주로하여 차주와 체결한 대출채권을 기초자산으로 하고, 이 대출금을 지급하기 위해서 자본시장에 유가증권을 발행하는 것으로 이해할 수 있는데 (유동화에도 다양한 형태가 있지만) ABS, ABCP 등이 이런 형태에 포함된다.

실제로 증권사들은 인프라 사업을 위한 자금조달의 방식으로 자본시장에 유가증권을 발행하는 형태를 많이 시도했다. 나도 우연한 기회에 유동화 증권을 발행한 인프라 사업과 은행 및 보험사의 장기 대출을 통한 인프라 사업을 동시에 진행해보았는데, 실무를 하면서 느낀 그 둘의 가장 큰 차이점은 이 투자를 승인하고 실행해줄 담당자들이 달라지는 점이었다. 즉, 보는 관점이 달랐다.

일반적인 인프라 사업은 대규모 자금을 필요로 하기 때문에 레버리지를 일으키는 것이 일반적이고, 사업주는 20~30% 내외의 자기자본을 투자하고 나머지는 타인자본을 조달하여 이자를 지급하기 때문에 웬만해서는 이 나머지 70~80%의 타인자본을 투자하는 금융기관과 사업의 성패와 관련된 리스크만 공유할 뿐, 투자원금의 보전 같은 부분까지 부담하지는 않는다. 1조원 사업에 2000억원을 이미 투자한 회사가, 이 사업이 망할 경우를 대비하여 8000억원을 투자한 금융기관에게 지급 보증을 해주는 것은 너무나도 큰 리스크이기 때문이다.[23] 은행과 기관의 담당자들은 이러한 본질을 잘 이해하고 있고, 따라서 투자 의사결정을 하는 데 있어서 해당 사업의 사업성과 리스크를 자체적으로 분석할 수 있는 역량을 보유하고 있다. 부동산 PF

---

23 물론 사업의 규모나 구조에 따라서 지급을 보증하는 경우도 존재하며 특히 부동산 PF에서는 왕왕 있는 일이지만 근본적으로 PF는 비소구(Non-recourse)나 제한적 소구(Limited recourse)를 전제로 한다. 제한적 소구의 방식으로는 출자자 약정서상 자금제공이나 자금보충 의무가 일반적이다.

에서 책임준공확약의 내용으로 시공사가 시행사를 대신하여 채무를 인수하는 조항이 있는 것 자체가 PF의 본질을 흐렸다는 이야기가 일견 맞는 이유도 여기에 있다.

하지만 동일한 자금을 조달하기 위해 자본시장 내 유가증권 투자를 담당하는 부서에 제안하면 그들은 이러한 사업에 익숙하지 못하기 때문에 자연스럽게 회사채와 비교를 하게 된다. 회사채는 PF(프로젝트 금융)와 다른 CF(기업금융)이기 때문에 회사의 신용과 직접적으로 연결되어 있고, 시장에서도 AA+ 3년물은 금리 얼마, 5년 국고채는 얼마, 이런 식의 접근이 익숙하기 때문에 당연한 것이다. 채권시장의 규모는 2000조원이 넘어가고 있고 하루 거래량도 엄청난 시장이다. 이러한 정형화된 시장에다가 사업주의 신용보강이 없이 사업성 분석을 통해서 투자를 결정해야 하는 유가증권(ABS도 증권이므로)을 투자해달라고 하는 것 자체가 처음부터 담당자들에게는 어려운 것이고, 그렇게까지 할 이유도 없는 것이다.

여기에서 바로 자본시장을 이용한 인프라 자금 모집의 제한이 발생한다. 그럼 이러한 사업성을 분석하여, 채권에 신용등급을 부여하면 가능하지 않냐고 묻는다면, 당연히 가능하다. 다만 그렇게까지 하지 않아도 기업신용공여 형태로 투자할 은행이나 기관투자자를 확보할 수 있다. 즉 (물론 제한적인 상황에서는 가능하겠지만) 그렇게까지 할 매력이 없는 조달 방식이다보니 대규모 사업의 자금조달을 위해서는 잘 보이지 않는다. 미국의 경우 인프라 사업에 PBS라고 해서 (예를 들어) 면세 채권을 1년부터 20년 만기로 나누어서 발행하고, 이 자금으로 인프라 사업에 투자한 다음, 각 만기별로 채권을 상환하여 20년간 타인자본은 감소하게 함으로써 대출의 Amortization 효과를 만드는 경우도 왕왕 존재한다. 국내에서도 이런 방식이 적용된 사례가 있기는 하지만 더욱 많이 활용되지 못하여 안타까운 부분이 있다. 국내 자본시장에서도 수요 대비 활용할 자금은 충분히 있다고 생각되는데 말이다.

우리나라 건설사뿐만 아니라 금융도 해외로 나가려고 노력하는 이유가 바로 이것이다. 60~80년대와 달리 그렇게 인프라를 많이 만들지도 않아 투자할 대상도 제한적일뿐더러, GTX와 같이 대규모 인프라 사업이 있다고 하더라도 아직 우리나라에서 민자사업은 민간회사를 배불리는 것으로 여기는 시선이 있으며, 거기에 추가적으로 신분당선, 일산대교와 같이 이미 체결된 정부와의 계약이 흔들리게 되는 정책적인 리스크가 존재한다고 여겨지기 때문일 것이다. 모두 정치인의 보여주기식 혹은 포퓰리즘식 접근 때문이지 않을까?

개인적으로 금융회사에서 근무하면서, 인프라 사업을 단지 건설의 관점이 아닌 투자대상의 관점으로도 보게 되었다. 은행의 예금뿐만 아니라 우리가 보험회사에 내는 돈, 각종 증권상품에 투자한 돈들도 결국 자본시장에 모인다. 이 돈을 투자할 대상으로 인프라 사업을 택하게 되는 것인데, 앞으로는 이런 국내 자금들을 이용해서 해외의 인프라에 투자해 돈을 벌어오는 시대가 어서 왔으면 좋겠다. 수출이 꼭 물건이어야만 하는 시대는 저물어가는 것 같다.

3.10

Termination Payment 혹은 해지시환급금/지급금의 의미 _____ 🪙

이론적으로 PPP를 비롯한 모든 프로젝트 파이낸싱에서 금융기관은 사업이 운영되면서 발생할 Cash flow만 보고 자금조달을 결정한다. 그렇기 때문에 금융기관의 제1 관심사는 사업에서 발생할 잉여 현금흐름이 Debt service(원리금의 상환)를 하는 데 충분한지인데, 이는 보통 DSCR(Debt Service Cover Ratio)이라는 개념으로 적용이 된다. 하지만 어떤 이유에서든 사업 자체가 망가져 버리게 될 땐 어떻게 할까? 물론 Step-in right라는 권리를 통해 금융기관이 사업시행법인(SPV)을 대신하여 사업 전면에 나서서 다시 정상화시키는 것도 가능하지만 그보다는 해지시환급금(Termination payment)을 통해 상환받고 끝내는 것이 금융기관 입장에서는 더 안심이 되는 방식일 것이다.

해지시환급금은 말 그대로 계약이 당초에 약정한 기간보다 빨리 해지될 때 돌려받게 되는 돈을 의미하는데, 그 이유에는 크게 3가지가 존재할 수 있다. 1) Public(정부)이 잘못하였든지, 2) Private(민간사업자)이 잘못하였든지,

아니면 3) 천재지변과 같이 둘 다 잘못이 없든지.

각각의 경우마다 이해당사자들의 상황과 책임이 달라질 수 있으므로 그에 따라서 해지시환급금도 다르게 적용되는 것이 상식적인 것 같은데, 그렇다면 무엇을 얼마만큼 어떻게 보상해야 적정한 것일까?

세계은행(World Bank)에서 발간한 Guidance on PPP contractual Provision에서는 이러한 상황에 적용할 수 있는 개념을 정리해놓았다.

우선 정부가 잘못한 경우, 이때 정부는 민간사업자에게 모든 비용을 보상해주는데 크게 장부가를 기준으로 하거나 자금조달의 기준으로 한다. 전자의 경우 실제보다 적게 혹은 많이 보상받게 되므로 시장에서는 후자를 더 선호한다. 대주단은 원리금 및 약정된 기간을 지키지 못하고 해지되는 다양한 계약들을 위한 해지 비용 그리고 조기상환에 따른 수수료를 받게 되고, 사업주(Sponsor) 입장에서는 자신들이 투자한 자기자본과 이 사업이 끝까지 갔을 때 얻었을 예상 수익(Equity IRR)도 받게 된다. 예상 수익을 책정하는 방식은 몇 가지가 있는데, Base Case로 산정된 수익률을 받는 경우, 해지 시점까지는 실제 성과(Performance)에 따른 수익률을 적용하고 이후는 Base case의 수익률을 적용하는 경우, 마지막으로 본 사업에 대해 제3자가 결정하는 경우 등이 있다. 그 외에도 사업이 조기에 타절되면서 SPV가 맺은 다양한 계약을 파기함에 따라 발생하는 비용, 예를 들어 시공자가 본 공사를 위해 동원한 장비의 비용, 사업을 영위하였을 때 누렸을 이익(본 사업에 참여하지 않고 다른 사업을 했을 경우의 기회비용) 등을 산정하여 받게 된다.

그럼 민간사업자가 잘못했을 경우는 어떨까? 일단 이 경우에는 대주단만 일부의 비용을 보상받을 수 있으며 크게 3가지 접근이 가능하다.

우선은 Debt base 보상 방식. 이 경우 대주단은 'Hair cut'이라는 개념 적용을 통해서 아직 되돌려 받지 못한 대출원리금 잔액(Outstanding debt)의 일부를 제외한 만큼 보상을 받는다. 이 부분이 바로 대주단이 본 사업에서 바로 떠날 수 없게, Step-in을 통해 다시 사업을 원상복구시키는 동기가 되기도 한다. 둘째로는 제3자가 평가하게 만드는 방식인데, 시장에 유동성이 충분한 경우 재입찰(Re-tender)을 통해서 신규 입찰자가 제시하는 비용만큼 보상받게 하는 것으로, 발주처 입장에서는 계약자만 변경될 뿐 비용의 처리는 양 당사자가 하게끔 한다. 만약 시장에 유동성이 충분하지 않다면 제3자가 평가한 시장가치로 지급한다. 마지막으로 장부에 명시되어 있는 가치만 인정하여 보상하는 것으로 이 세계은행(World Bank) 가이드라인에서는 권장하지 않는 방식이다.

마지막으로 천재지변(Force Majeure)과 같이 양 당사자에게 모두 귀책사유가 없는 경우에는 그 리스크를 양쪽에서 동시에 나눠갖게 되는데, 해지시 환급금에서는 대주단은 대출한 원금만, 투자자는 투자된 원금만 회수해가고 수익의 개념인 이자나 배당은 돌려받지 못한다. 계약이 파기되면서 발생하는 각종 패널티나 수수료 일부는 보상받을 수 있다. 이러한 접근은 아마도 "보험이 불가능한 상황에서의 타절(any termination of Uninsurability)"에서도 동일하게 적용될 수 있다.

쉽게 느껴지지만, 투자자보다는 은행에 더 유리하게 적용되고 있는 것이 현실이다. 해당 가이드라인이 세계은행이라는 은행에서 만들어진 이유도 있겠지만, 세계은행의 글로벌한 영향력을 차치하고서라도 PF 사업의 금융 조달을 위한 핵심은 금융지원 타당성(Bankability)이라는 것을 생각해 볼 때 전혀 이상한 내용이 아니다. 즉 이 해지시환급금조차도 은행 입장에서는 투자를 하는 데 안도감을 주는, 다른 표현으로는 사업을 Bankable하게 만드는 요인 중에 하나라고 할 수 있다.

우리나라의 KDI에서 제안하는 수익형 민자사업(BTO) 표준실시협약에도 해지시지급금에 대한 내용이 67조(해지시지급금의 산정)에 나온다.

① 협약당사자는 해지의 효력발생일로부터 30일 이내에 합의에 의하여 <별첨0> (해지시지급금)에 따라 해지시지급금을 정한다.

② 제1항에 의한 합의가 이루어지지 않는 경우에는 당사자간의 합의에 의하여 전문기관을 지정하여 해지시지급금을 산정하도록 한다.

③ 제2항에 의해 선정된 전문기관은 선정된 날로부터 00일 이내에 제4항에 따라 해지시지급금을 산정하여 이를 협약당사자에게 서면으로 통보하여야 한다.

④ 전문기관에 의해 해지시지급금을 산정하는 경우 그 비용은 귀책사유를 발생시킨 당사자가 전액 부담하고, 불가항력적 사유로 인한 해지의 경우에는 협약 당사자가 동등하게 분담한다.

⑤ 해지시지급금에 관하여 전문기관이 산정한 금액에 대하여 이의가 있을 경우 0장(분쟁의 해결)의 절차에 따른다.

⑥ 본 협약에 따라 주무관청이 사업시행자에게 지급할 해지시지급금은 다음 각 호와 같이 조정한다.

1. 본 협약의 해지와 관련하여 사업시행자가 본 사업시설 등에 관하여 어떠한 보험금을 수령한 경우에 있어서 사업시행자가 동 보험금의 전부 또는 일부를 본 사업시설의 복구에 투입하지 아니하고 보유하는 경우 동 보유금액상당을 공제한다. 다만, 본 협약에서 정한 보험가입의무를 이행하였을 경우 수령 가능한 보험금을 기준으로 한다.

2. 본 협약이 해지된 경우 사업시행자가 채권금융기관 등에 대하여 상환을 완료하지 못한 채무를 주무관청이 관련 법령에 따라 면책적으로 인수하거나 제3자를 사업시행자로 지정하여 면책적으로 인수하게 한 경우 주무관청 또는 제3자가 면책적으로 인수한 채무액에 상당하는 금액을 공제한다. 단, 제3자를 사업시행자로 지정하는 경우에는 사전에 채권금융기관등과 협의하여야 한다.

물론 각각의 계약마다 다르겠지만 우리나라 KDI의 경우 세계은행에서 제안하는 방식 중 제3자가 산정하는 방식을 채택한 것으로 보인다. 하지만 그럼에도 불구하고 해지시지급금을 산정하는 제3자 역시 세계은행에서 제안하는 개념과 비슷한 방식의 접근을 하지 않을까 생각해보며, 이와 더불어 해외 사업을 하는 데 있어서 이 해지시지급금 산정 방식이 항상 일반적인 것은 아니라는 것을 이해하고 있는 것도 큰 도움이 되리라 생각된다.

3 자금조달 시점의 돈

4

인프라 운영기간의 돈

4.1

유료 인프라의 이용 요금 💰

    내가 전에 다니던 회사는 강북이어서 밤늦게까지 야근을 하게 되면 경기도 집으로 돌아가기 위해 택시를 타야 했다. 그러면 거의 열에 아홉은 우면산 터널을 지나가게 된다. 이때 기사님은 항상 물어보신다. "우면산 터널로 갈까요?" 이미 지쳐서 얼른 집에 가고 싶은 마음에 그렇게 해달라고 하면 우면산 터널 톨게이트 비용은 택시비에 붙어서 나중에 같이 계산된다. 뭐 택시비 몇만 원에 2,500원 더 붙는 거야 커피 한 잔 안 사 먹으면 그만인 일이다. 하지만 매번 물어봐야 하는 기사님이나 답해야 하는 손님이나 귀찮기는 매한가지.

    그나마 우면산 터널 요금이 2,500원이라 다행이지 만 원쯤 했다면? 택시 기사님이 손님에게 물어보지도 않고 우면산 터널을 지나가는 날이면 필시 싸움이 날 것이 뻔하다. 그러니 그런 고민하지 말라고 2,500원만 했겠지...

여기서 이 2,500원이란 금액의 수준을 PPP에서는 Affordability[24]라고 한다. Affordability는 크게 3가지 영역으로 나뉜다. 우선 PPP 사업이 정부의 장기적 재정에서 소화 가능한지, 둘째, 민간이 자본을 충분히 확보할 만큼 금융시장이 능력이 되는지, 마지막으로 이 사업의 이용자가 톨게이트 비용을 낼 수 있는지. 여기서 이 마지막 부분에 해당하는 것이 바로 2,500원이다.

프로젝트 파이낸싱 개념에서 접근하면 2,500원은 20년, 30년 동안 PPP 민간사업자가 벌어들일 수 있는 미래 수익이 되는 것이고, 즉 이것이 최대 얼마만큼 돈을 들여서 터널을 뚫어야 하는지, 얼마만큼 은행에서 돈을 빌려야 하는지, 더 나아가서는 최소매출보증(Minimum Revenue Guarantee, MRG)이 얼마가 되어야 하는지, 수요 예측이 실패했는지 등과 연계되는 아주 중요한 개념이다.

"수요 예측 실패" "국민 혈세의 낭비". 아주 자극적이면서 뉴스와 신문에 자주 등장하는 단어이다. 특히 공항철도나 경전철 이야기가 나올 때 더욱 그러하다. 그러면서 "수익률 예측에 실패해서 이 적자를 보전하기 위해 국민 혈세가 낭비되고 있다."라는 전형적인 아나운서 멘트가 나올 것쯤은 쉽게 예상이 될 것이다.

너무 직관적이지 않은가! 어떤 민간회사가 공항철도를 몇십 년 동안 장기간 운영하는데, 정부와 맺은 계약상 최소 보전기준이 있고, 조사보고서보다 훨씬 낮은 이용률 때문에 정부가 민간회사에게 계속 돈을 줘야 한다면? 그것도 내 세금으로! 당연히 열받을 것이다. 나도 그렇다.

그런데 그 뒷면을 보면 조금 다르게 접근해 볼 수 있다. 일단 도로나 철도와 같은 교통 PPP의 경우는 통행 수요와 요금, 즉 물량과 단가의 합이 미래의 수익이고 이를 '미래의 현금흐름'이라고 한다. 프로젝트 파이낸싱은 원

---

24 구입 능력쯤으로 이해하는 것이 적당해 보인다. 적당하게 살 수 있는 비용, 감당할 수 있는 비용 정도의 개념이다.

칙적으로 이 '미래의 현금흐름'을 토대로 대출을 해준다. 총사업비에서 최소 70%는 대출금으로 채워진다고 볼 때 대주는 매우 중요한 이해관계자이다. 이 이해관계자는 절대로 돈을 잃고 싶어 하지 않고 이미 빌려달라고 하는 곳도 많기 때문에 지금 투자하는 이 사업의 '미래의 현금흐름'이 매우 현실적이며 실현 가능하고 탄탄하기를 바랄 것이다. 사업을 추진하는 민간회사도 돈을 대출받기 위해서 '미래의 현금흐름'을 탄탄하게 하려고 할 것이다.

그래서 이 교통수요 예측, 다른 말로는 수요리스크(Demand Risk)를 없애고 싶어하는데 이때 정부에서 MRG라는 카드를 내 놓으면, 모든 사람이 행복해지는 결과가 나타난다. 최소한 MRG가 보장하는 만큼의 미래 수익은 100% 실현이 될 것이기 때문에 이것이 바로 대주단 유인 효과 혹은 금융지원 타당성(Bankability)이라고 할 수 있다.

다른 형태의 유인 방법도 존재한다. 우면산 터널 톨게이트 비용을 우리는 2,500원 내고 있지만, '미래의 현금흐름'을 보강하기 위해 추가적으로 정부가 차량당 7,500원씩 민간회사에게 주는 계약을 맺었다고 하자. 은행 입장에서는 MRG보다는 덜 매력적이지만 어쨌든 7,500원을 더 받음으로써 자신이 빌려준 돈의 원리금을 예정대로 돌려받을 가능성이 높아진 것이기 때문에 유인책으로 작용할 수 있다. 이러한 형태를 Shadow toll이라고 부른다. 이 방식은 수요리스크가 상대적으로 적은 상수도 공급이나 하수처리와 같은 사업에 많이 사용된다.

자, 그럼 여기서 여러분들은 이렇게 질문할 것이다. "좋아. 그건 알겠고, 내 세금으로 결국 은행들 원리금 갚는 데 쓴다는 것 아니야. 그래서 대체 뭐가 다르다는 거야?'

지금까지 길게 풀어서 설명한 이야기의 핵심은 "PPP 사업을 하려면 사업비의 최소 70%나 차지하는 은행의 입맛을 맞춰주는 것이 매우 중요하다."라는 것이다. 즉 그들의 입맛을 맞춰주는 데 MRG가 매우 매력적인 카드인 것은 분명하지만 꼭 그렇게 하지 않아도 된다는 것이다. 처음부터 보수적인 수요 예측과 Affordability의 영향을 받은 요금을 적용하여 만들어진

'미래의 현금흐름'을 작성하고 각종 민감도 분석을 통해서 보수적인 결과를 토대로 사업을 추진했어야 한다는 것이다.

만약 그렇게 했음에도 충분히 이익이 날 만한 사업이면 MRG 없이도 잘 추진이 되었을 것이고, 그렇지 못해서 MRG나 정부 보조금이 필요한 사업이라면 대안을 찾거나 사업을 접었어야 했다는 것이 내 생각이다.

그럼 대체 이 사업들은 왜 추진이 된 것인가? 아마도 정부의 공공투자 계획상 매우 우선순위가 높은 사업이었을 것이다. 정부 입장에서 PPP는 하나의 공공조달 방식이고 일반적으로 재정사업보다 PPP로 추진하였을 때 해당 자산 및 서비스의 생애주기 비용(Life cycle Cost)이 적게 발생한다고 분석되는 경우 PPP 형태로 사업을 추진하게 된다. 이는 앞에서 본 Value For Money 개념이다.

즉 공항철도든 우면산 터널이든 MRG 없이는 미래의 현금흐름이 탄탄하지 못하다는 것을 알면서도 혹은 그걸 극복할 만큼의 정부의 정책 추진 의지가 반영된 결과물이라고 할 수 있다. 따라서 여기에서 수요 예측이라는 비난은 사실상 무의미한 것이다. 그렇게 중요한 사업이었으면 어쨌든 우리 세금인 재정사업으로 추진하였을 것인데, PPP 방식을 활용했으니 그나마 생애주기 비용은 더 저렴해질 수 있다는 것을 의미하기 때문이다.

결론적으로 여러분의 세금은 어쨌든 쓰였을 것이다. 다만 정부 입장에서 사업에 투입되는 비용을 운영기간 동안 MRG와 관련해서 줘야 할 세금과 (재정사업으로 만들어진) 일반 고속도로 톨게이트 비용보다 1,500원 더 비싼 요금으로 나눠서 충당했을 뿐이다.[25]

우리는 이러한 개념을 해외 PPP 사업을 추진할 때도 적용해볼 수 있다. 해당 사업이 정말 그 나라가 원하고 꼭 필요해서 MRG나 기타 보증도 불사하고 해줄 것 같은 사업인지? 혹시 그렇지 못하다 하더라도 해당국 정부로부터 최소물량보증(MVC, Minimum Volume Commitment)이나 Shadow toll 조

---

25 추가적으로 세금은 전 국토에서 걷지만 특정 인프라는 특정 다수만 사용하기 때문에 '사용할 사람이 비용을 낸다'는 원칙도 적용해볼 수 있다.

건을 받아낼 수 있는지? 이것도 저것도 불가능하다면, 지금 검토한 수요 분석 모델이 얼마나 보수적이고 타당한지? 수요 예측에 영향을 줄 심각한 요소(경쟁 도로 등)는 없는지? 이 수요 분석 모델을 가지고 산출한 '미래의 현금 흐름'으로 은행을 설득할 수 있는지? 현지인들이 정말 이 요금을 내고 사용을 할 것인지? 다 제쳐두고 여전히 수요리스크가 열려있는데 아무도 보증해주지 않고, 사업은 추진해야겠는데 정부의 의지는 떨어지고 있다면? 그렇다면 차라리 톨게이트 비용을 걷는 것은 정부에게 일임하고, 나는 그냥 정부로부터 매월 일정금액의 유지관리에 대한 비용만 받는 Government pays PPP(BLT나 BTL과 같은)로 계약 형태를 변경할지. 다양한 방면으로의 접근이 필요하다.

4.2

인프라 자산의 가치 산정 $\textcircled{\$}$

    나를 포함한 건설 엔지니어에게 가장 관심이 있는 부분은 뭘까? 각자 소속 회사와 팀, 업무에 따라 표현방식은 달라도 결국 돈일 것이다. T/K합사에서 논의되는 주요 사안 중 하나는 구조적 안정성과 함께 원가 절감/최적화일 것이고 시공사에서도 당연히 원가율일 것이다. 또한 개발사업(Green-field)을 추진하시는 분들도 전체 공사비가 사업비의 대부분을 차지하기 때문에 매우 중요하게 생각하는 부분일 수밖에 없다.

    나도 과거 견적 팀원으로서 도급 및 개발사업에 참여하면서 항상 받았던 Challenge이었고 또한 이는 업무를 하는 데 있어서 즐거움 중에 하나였다. 물론 해외업체 견적만 받아서 정리하는 역할만 하는 것 아니냐는 (실제로는 당연히 그렇지 않지만) 속상한 이야기를 하시는 분들도 있었지만.

    어쨌든, 이제 짓기 시작하는 개발사업에 참여할 확률이 높은 건설 엔지니어들에게는 공사비(CAPEX, 자본적 지출로서 지출의 행위가 사라지는 것이 아닌 재무제표상에 다른 형태로 남는 지출)에 대한 관심이 당연히 높을 수밖에 없지만 전체 인프라 금융에서 볼 때는 운영 중인 사업(Brownfield)에 대한 수요도 상당하니 이런 운영 중인 인프라 자산의 가치를 평가하는 일이 매우 중요하다.

그럼 운영 중인 인프라 자산을 어떻게 평가할까? 얼마를 주고 내가 이 자산의 소유권을 이전 받아야 적정한 것일까?

우선 인프라를 떠나서 기업 M&A 시 가치를 평가하는 방법에는 크게 내재가치 평가법과 상대가치 평가법이 존재한다.

상대가치 평가법은 주식을 해보신 분들이라면 익숙하실 것이다. PER, PSR, PBR 등이다. 주식의 현재 가격에 대비해서 기업이 가지고 있는 장부상 가치(Book value)나 주당 이익비율 등 동종 업계의 비슷한 기업과 대비하여 내가 관심을 가지고 있는 기업의 주가는 얼마나 적정한가를 평가하는 것이다.

인프라 자산의 상대가치법은 EV/EBITDA를 주로 사용한다. EBITDA는 잘 아시겠지만 이자(I) 및 세금(T) 이전(B)의 수익(E)에다가 감가상각(DA)을 더한 값을 의미하며 영업활동을 통한 현금흐름(Operating cashflow)을 추정하는 값으로 주로 사용된다. EV는 기업가치로서 시가총액에서 순 부채(차입금에서 현금 및 현금과 동일한 자산을 뺌)를 더한 금액을 의미한다. 시가총액은 결국 "주식수 x 주가"이니 자기자본의 가치라고 볼 수 있다. 이는 기업을 통째로 인수하였을 때 기업의 현금흐름 창출능력을 다른 유사 업종의 회사와 비교하는 것으로, "EV/EBITDA의 몇 배 수준으로 적정하다"라는 논리도 통용된다.

우리가 쉽게 접근하는 PPP의 경우 대금지급(Payment) 방식이 어떻게 되든 간에 PPP 계약기간 동안 발생한 미래의 현금흐름과 현재 투입되는 총사업비를 토대로 사업성을 평가하기 때문에 굳이 EV/EBITDA 방식뿐만 아니라 내재가치법 중에서 기업 잉여 현금흐름 할인법(Discount Cash Flow, DCF) 방식을 사용하는 것도 가능하다.

DCF 방식은 미래에 발생할 현금흐름에 투자자가 원하는 할인율을 적용하여 현재 가격(NPV)으로 계산한 것으로 이를 해당 인프라 자산의 가치라고 평가하는 방식이다.

4 인프라 운영기간의 돈

내부수익률(IRR)과 할인율의 개념을 조금 구분하자면, IRR은 투자할 금액과 미래에 발생할 현금흐름이 정해져 있는 상태에서 이를 서로 상쇄하는 내부수익률이므로 프로젝트에 따라 내재적으로 정해져 있는 숫자이다. 할인율은 미래에 발생할 현금흐름만 정해져 있는 상태에서 이를 현재가치로 얼마면 될지 산정하는 것으로 투자자가 결정하는 숫자이다.

어쨌든 투자자는 미래의 현금흐름에 대한 각종 시나리오를 계산해보고 가장 믿을만한 혹은 리스크를 감당할 수 있는 시나리오의 미래의 현금흐름을 산정한 다음, 기업의 내부적인 수익률 목표나 비교할 수 있는 Reference (예를 들어 해당 국가의 투자기간이 비슷한 국채 수익률 등)를 고려하여 할인율을 반영함으로써 인수할 지분의 가치를 산정한다.

그럼 여기서 질문! 만약 PPP처럼 기부채납일자가 정해져 있지 않거나, 아니면 기부채납 이전에 Exit를 고려하여 사업성을 평가해야 할 경우는 어떻게 할까? Exit할 때 내가 보유한 지분을 매각함으로써 빠져나온다고 계산할 텐데 그럼 그때 매각가치는 어떻게 산정해야 할까?

"매각할 때 다시 현금흐름을 예측하여 DCF 방식을 사용하면 되지 않은가?" 물론 가능한 말이다. 다만 문제는 몇십 년 뒤에 실제로 내가 매각할 때의 가치를 지금 내가 인수를 할 때 알아야 전체적인 수익률이 계산이 되니 그게 문제인 것이다.

그럴 때는 현재까지의 현금흐름 성장률이 앞으로도 동일하다고 가정하고 매각가치(Termination Value)를 산정하여 반영할 수 있다. 다만, DCF 방식은 할인율의 산정, 현금흐름의 안정성, 매각가치 산정 등 다양한 가정이 복합적으로 작용한 결과물이기에 투자하는 데 있어서 많은 검증이 요구된다. 그래서 많은 투자자들이 미래 현금흐름의 안정성에 대한 편안함을 느끼고자 보수적으로 접근할 수밖에 없고 따라서 수요 위험에 노출되어있는 유료도로(Toll Road) 사업이 전력구매계약(PPA)이 맺어져 있는 발전소보다 거래가 이루어지기 어려운 것이다.

SI(전략적 투자자)가 개발사업에 참여함에 있어서도 동일한 문제에 놓이게 된다. 보통 몇 년의 주주간협약서(Shareholder's Agreement, SHA)에 주식 매매를 금지하는 Lock-up 기간을 지나면 SI는 주식 매각을 통해 현금을 확보하고 타 사업 개발에 필요한 출자금을 마련해야 한다. 만약 매각을 염두에 두고 내부 심의를 거쳐야 한다면 당연히 미래의 현금흐름을 가정하여 얼마에 소유지분이 매각이 될지 가정해야 할 것이다.

나도 금융업에 발을 담근 지 얼마 되지 않았지만 참으로 다양하고 복잡하며 어려운 부분이 너무 많음을 매번 실감한다. 하지만 한편으론 지난 수년간 시공사에서 해외 인프라 사업에 관련된 일을 하였던 엔지니어로서, 결국 근본적인 가치를 창출한다는 것 자체가 얼마나 어려운 것인지, 얼마나 핵심에 있는 것인지에 대해서 더욱 느끼는 바가 많기도 하다.

동기동문 및 업계에 있으면서 알게 된 많은 분들, 신문기사들을 통해서 얼마나 요즘 건설경기가 안 좋은지, 또 많은 기업들이 어떻게 내부적으로 조직을 조정하고 있는지 등을 접하고 있어 참으로 안타깝다. 부디 이 업이 얼마나 본질적인 가치를 만들어 내는 중요한 일인지를 특히 젊은 엔지니어들이 느꼈으면 하는 바이다.

4.3

금리와 환헷지 _____ 💰

20년 10월만 해도 코로나의 영향으로 기관 및 외국인이 주식을 매도하였고, 그 물량을 개인투자자들이 매수하는 추세가 지속되며 꾸준히 주가가 하락하였다. 거기다 외국인이 매도한 주식의 영향으로 외환의 수급이 불안정해지면서 환율도 40원씩 오르락내리락하는 등 변동성이 높은 상황이 유지되었다. 그 후 22년 여름까지 한창 좋았던 국내 증시는 기준금리 상승과 맞물려 많이 내려왔고, 환율은 폭등했다.

보통의 경우, 해외 인프라 투자를 하게 되면 짧게는 몇 개월 길게는 몇 년의 환헷지를 체결한다. 해외에서 외화로 발생하는 수익을 종국에 원화로 환전하는 데 있어서 특정 시점의 환율을 미리 은행과 정해놓는 거래를 하는 것이다. 이때 정해지는 환율은 이론적으로는 우리나라 금리와 해당국의 금리를 고려하여 정해진다.

개념상으로 내가 1,000원을 가지고 있고 우리나라 금리가 10%, 그리고 현재 환율이 1,000KRW/USD이라고 한다면 현재가치로 1달러가 동일한 가치를 가진다. 이 상황에서 미국의 금리가 5%라고 가정해보자. 내가 원화를 가지고 있었다면 1년 뒤에 내 수중에는 1,100원이 있을 것이다. 반면 1년 전에 달러로 환전해서 1년을 미국에 묵혀두었다면 1.05달러를 가지고 있었을 것이다. 이때 환율을 다시 계산하면 1,047.6KRW/USD이다.

따라서 현재 시점에 내가 은행과 1년짜리 환헷지 거래를 한다면 은행은 나에게 "지금은 환율이 1,000KRW/USD이긴 한데 1년 뒤에 달러를 가져오시면 우리가 1047.6KRW/USD 환율로 환전해 줄게요"라고 이야기하는 것이다.

이러한 개념을 이자율평행이론(IRPR:Interest Rate Parity Theory)이라고 하며, 47.6KRW/USD를 스왑포인트라고 한다. 스왑포인트가 (+)이면 프리미엄, (-)이면 디스카운트라고 부른다. 이 경우에는 47.6의 프리미엄이 존재하는 것이다.

| Table 4-1 | 개략적인 스왑포인트의 계산

구분	해당국금리	현재	1년뒤	2년뒤	3년뒤	4년뒤	5년뒤
KRW	10%	1,000.00	1,100.00	1,210.00	1,331.00	1,464.10	1,610.51
USD	5%	1.00	1.05	1.10	1.16	1.22	1.28
헷지환율		1,000.00	1,047.62	1,097.51	1,149.77	1,204.52	1,261.88
스왑포인트			47.62	97.51	149.77	204.52	261.88

그럼 이것은 무엇을 의미하는가? 이는 우리나라 투자자들이 해외 인프라 투자를 하는 데 있어서의 경쟁력을 의미하기도 한다. 무슨 말이냐 하면, 대출이든 지분이든 특정 자산에 투자할 때에는 투자 시점의 재무모델을 통해서 어느 정도 수익률을 정하게 되는데, 만약 다른 투자자들보다 투자할 수 있는 금액의 크기가 크거나 받아들일 수 있는 수익률의 하한선이 낮다면 투자가 성사될 가능성이 높아지는 것이다(왜냐하면 높은 수익률이 보장될 때는 그만큼 투자하고자 하는 기관이 늘어 경쟁이 커지기 때문이다).

만약 미국에 어떤 자산 10,000$를 투자해서 5년간 연 500$씩 수익이 나고, 5년 뒤에 8,000$에 매각한다고 가정할 때, 미국 투자자들의 USD기준 수익률과 우리나라 투자자들의 KRW기준 수익률은 차이가 발생한다.

| Table 4-2 |　스왑포인트에 따른 수익률 차이

구분		현재	1년뒤	2년뒤	3년뒤	4년뒤	5년뒤
투자	투자금액($)	−10,000					
	연 수익($)		500	500	500	500	500
	청산금액($)						8,000
미국투자자($)	1.09%	−10,000	500	500	500	500	8,500
한국투자자($)	5.90%	−10,000,000	523,810	548,753	574,884	602,259	10,725,952

즉, 같은 자산이라고 할지라도 미국 투자자들에게는 1%의 수익밖에 되지 않아 투자가 불가능할지 모르겠지만, 한국 투자자들에게는 환헷지를 통해서 거의 6% 수익률이 발생하는 자산이 되는 것이다.

다만 안타깝게도 우리나라와 이렇게까지 금리차이가 발생하는 선진국도 없고, 코로나로 한창 기준금리를 인하했던 미국 및 유럽 그리고 우리나라도 다시 금리를 올리고는 있으나, 워낙 미국이 강력하게 추진하고 있어 그에 따라 한국과 미국의 금리 역전에 대한 이야기도 나오고, 따라서 외국자본이 유출됨에 따라 환율에도 부정적인 영향을 미치는 바람에 요즘 해외 투자는 더욱더 어려워지고만 있다.

| Figure 4-1 |　2022년 7월 각국 기준 금리 (출처: https://countryeconomy.com/)

-0.45　58.13

또한 최근처럼 급격한 수급불균형이 발생하여 환율이 움직이는 때, 즉 외국인이 팔고 나가는 주식 때문에 USD의 수요가 급증하면서 상대적으로 원화의 가치가 하락(환율이 상승)하는 상황에서는 이 이론이 맞지 않는다. 이런 타이밍에 안타깝게 헷지 거래를 해야 하는 경우가 발생한다면 비정상적인 스왑포인트가 발생하게 된다. 때로는 새로운 환헷지 계약을 체결하기 위해 펀드투자자가 추가로 자금을 납입해야 할 수도 있다. 이런 경우에는 때론 환헷지를 하지 않는 것도 방법이 된다.

각국의 기준금리와 환율이 인프라 투자에 이런 영향을 미칠 수 있다는 것이 신기하기도 하면서, 한편으로는 해외 건설시장에서 인도와 중국, 터키 등과 경쟁해야 하는 입장인 우리나라 건설사와 마찬가지로 해외로 '자본을 수출'하는 인프라 금융 투자자들도 금리나 환율를 통해서 경쟁하고 있다는 생각도 든다.

아직은 우리나라에서 활발하지는 않지만 해외에는 CI/OI 등 전략적 투자자(SI)가 아닌 금융을 근간으로 한 회사임에도 불구하고 개발사업에 개발비를 투자하여 사업을 만들고, 어느 정도 상품화된 사업을 다른 펀드나 투자자에게 넘김으로써 초과 수익을 창출하는 회사들이 존재한다. 내가 생각하기에 이런 회사들이 우리가 평소 Global Developer로 자주 언급하는 일본상사와는 다른 형태의 건설-금융 융합회사라고 생각한다. 참고로 일본상사들 중에는 SI로서 사업을 개발한 후에 재무적 투자자(FI) 역할의 계열사에게 사업의 매각/투자의 우선권을 주는 경우도 있으니 우리 엔지니어들이 준비만 한다면 더 나아갈 수 있는 분야는 분명히 존재한다고 생각한다.

4.4

규제자산(RAB)과 공항 이야기 ⎯⎯⎯⎯⎯⎯⎯⎯⎯⎯⎯⎯ 🪙

　이제는 조금 나아졌지만, 코로나 기간 동안 항공사도 공항도 너무 힘들었다. 글로벌하게 확산된 코로나의 영향으로 각 나라 정부가 외국인의 출입국을 통제하기도 하고, 국민들 스스로도 다른 곳에 가지 않았기 때문이다. 사스나 메르스 때도 어느 정도 영향은 있었지만 이 정도는 아니었다고 한다.

　한때 김포공항 국제선 승객이 0명이었고, 인천공항은 개항 당일보다도 낮은 1만 명 미만의 승객을 기록하였으며, 그렇게 한창 핫하던 공항 면세점 사업권도 이제는 포기한다는 기사도 올라왔었다.

　우리나라 공항만 그런 것은 아니다. 프랑스 드골공항, 싱가폴 창이공항, 영국 히드로공항, 호주 브리스번 공항 등등 세계 주요 국제공항들의 승객수도 급격히 감소하였고 그에 따라 몇몇은 신용등급도 떨어졌었다.

　이렇게 급격한 항공 승객수 감소는 당연히 민간 항공사 및 민영화된 공항 입장에서도 치명적이다. 공항의 수입원은 주로 항공매출과 비항공매출로 구분할 수 있는데, 간단하게 항공매출은 항공교통 처리와 관련된 서비스 및 시설을 이용하는 것으로 착륙이나 주기장 및 격납고 이용, 탑승교 이용 등이며, 비항공매출은 항공교통 처리 목적이 아닌 공항의 수입 증대를 위한 활동과 관련된 것으로 토지나 건물, 시설물 임대, 항공유 판매수익, 주차장 수입 등이 포함된다.

코로나 전까지의 인천공항은 전체 수익 중 비항공매출의 비중이 점차 늘어나 60% 수준을 유지하고 있어서 유럽의 다른 허브 공항들과 비교해 볼 때, 항공매출의 비율이 부족하다는 의견도 있었던 듯하다.

| Table 4-3 | 최근 6년 인천국제공항 수익 및 비율 (출처: 윤호중 의원실, 인천공항공사)

(단위: 억원, 비율은%)

구분	2013		2014		2015		2016		2017		2018(상반기)	
항공수익	5,879	36.7	6,364	37.9	6,853	36.5	7,685	35.2	8,164	33.6	4,400	32.9
비항공수익	10,150	63.3	10,434	62.1	11,932	63.5	14,175	64.8	16,144	66.4	8,952	67.1
총수익	16,029	100.0	16,798	100.0	18,785	100.0	21,860	100.0	24,308	100.0	13,352	100.0

자료 = 윤호중 의원실, 인천공항공사

어쨌든 유럽지역의 항공 노선과 인천공항의 그것이 다르고, 또 일부 전문가들은 고객만족을 통해서 오히려 비항공수익을 70%까지 올리는 것이 이상적이라고 하기도 하는데, 이렇게 단순한 비교가 무슨 의미가 있는가 하는 생각도 든다.

그럼에도 불구하고 2022년 초 항공매출을 높이기 위한 검토에 착수한 것으로 보인다. 허브 공항이 되기 위해 인접한 공항들보다 시설사용료를 낮췄던 것이 현재 비항공수익이 많아진 원인으로 분석하고, 이를 정상화하려는 노력으로 보인다. 아마도 코로나의 영향으로 비항공수익에도 큰 타격을 받았기 때문에, 이를 회복하기 위한 노력이 아닌가 생각된다.

| Table 4-4 | 2015년 주요공항 수익구조 (출처: 윤호중 의원실, 인천공항공사)

구분	독일 프라포트공항	네덜란드 암스테르담공항	영국 히드로공항	평균
항공수익	64%	57%	61%	61.67%
비항공수익	36%	43%	39%	39.33%

자료 = 윤호중 의원실, 인천공항공사

1987년 영국을 시작으로 유럽 및 북미의 공항들이 민영화되었는데, 자연독점(natural monopoly)이라는 공항의 특수성을 남용하지 못하도록 규제당국에 의해서 매출이 관리되는 규제자산(regulated asset)으로 포함된다.

이 규제요금[26] 신정 시, 앞서 언급한 항공수익과 비항공수익을 고려하게 되는데, 민간사업자가 공항의 운영이나 확장 등을 이유로 투입한 돈이 100원이라고 할 때, 이 100원을 적정하게 보상해주기 위해서 항공수익만 고려할지 아니면 항공/비항공수익을 모두 고려할지에 따라 Single till, Dual till 로 구분할 수 있다.

Single till의 경우 그해 필요한 100원에서 비항공수익을 제외한 나머지 필요금액만 항공수익을 통해 회수할 수 있도록 규제요금을 산정하기 때문에 착륙료나 주기장 격납고 이용비 등 항공사 입장에서 공항을 이용하는 요금이 낮아지는 효과가 있다. 이는 결국 우리가 내는 항공 티켓 비용과도 연결이 될 것이다.

반면 Dual till은 비항공수익을 그대로 민간사업자에게 주고, 오직 항공수익만으로 필요한 100원을 충당하게끔 요금을 산정하므로 자연스럽게 항공사가 부담하는 비용이 증가한다.

---

26 규제요금이란 자연독점의 특수성을 고려하여 정부가 폭리를 취하지 않도록 규제자산으로 만든 후, 규제하는 매출원을 의미한다. 우리나라의 도시가스나 해외의 송전선 사업이 해당된다.

| Figure 4-2 |　　규제요금 개념 (출처: Behind the regulatory till debate(ACI))

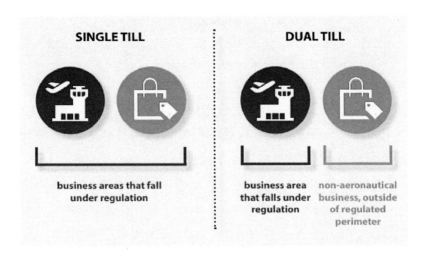

따라서 자연스럽게 항공사는 값이 저렴한 Single till을 선호하며, 결과적으로 비항공매출도 항공사의 비행기를 타고 오가는 여행객을 기반으로 하는 것이니 Single till을 적용하는 것이 더 합리적이라고 말한다.

하지만 공항을 운영하는 민간사업자 입장에서는 결국 공항 운영 및 그 수익성에 대한 리스크를 전적으로 부담한다는 사실 때문에 꼭 그렇다고도 할 수 없을 것이다. 무슨 말이냐 하면, 항공사는 수익이 나는 노선을 선정하여 취항지를 결정할 수 있지만 공항 입장에서는 취항지로 선택받을지 알 수 없는 상태에서 시설에 대한 투자를 해야 하니 이런 리스크를 부담하는 것에 대한 보상을 확실히 받아야 한다는 것이다.

또 한편으로는, Dual till을 적용하면 항공사의 부담이 증가하고 자연스럽게 공항을 이용하는 비행기 숫자도 줄어들어서 공항이 조금 더 효율적이고 한산해지는 효과가 있을 수 있다. 즉 더 비싼 요금을 지불할 의향이 있는 승객에게 그만큼의 여유로움이라는 혜택을 제공할 수 있다는 것이다. 내 앞에 정말 수많은 사람이 티켓팅을 위해 서있거나, 출입국 심사대에 사람들이 가득하고, 그런 어려움을 통과해 도착한 라운지에서까지 정말 너무 많은 사람들이 있을 때는 차라리 비행기에 먼저 타있고 싶다는 생각이 들지도 모르니 말이다.

아무튼, 인천공항은 민영화되지도 또 규제자산이지도 않아 Single till이니 Dual till이니 상관은 없지만 리스크와 그에 따른 수익, 요금을 바탕으로 한 수요-공급 곡선이라는 아주 기본적인 경제논리는 공항에서도 작동할 수밖에 없는 것 같다.

4.5

금융 헷지 상품

꼭 반드시 그런 것은 아니지만 IPP사업에서 프로젝트 파이낸싱의 핵심은 아무래도 PPA(전력구매계약)일 것이다. 이 전력구매계약의 상대가 누군지, 기간이 얼마나 되는지, 단가 및 수량은 어떻게 되는지는 프로젝트의 안정성과 직결되는 부분이며 현재 많은 국가 및 기업에서 활용하고 있는 방식이다.

1978년 미국의 Public Utility Regulatory Act(PURPA)와 1992년 및 2005년 Energy Policy Act에 따라서 전력시장을 개편하였는데 그 핵심은 수직 통합된 회사(Vertically Integrated Utility)로 이루어진 전력시장에 경쟁체제를 도입하고 송전선의 접근을 개방하면서 독립된 시스템 운영자를 신설하며, 전력 도매시장을 만드는 것이었다. 그에 따라서 발전사업의 자금조달의 방식도 변경되었는데, 70년대 이전까지만 해도 수직 통합된 회사에 대한 기업금융(Corporate finance) 방식이 일반적이었으며 해당 비용은 종국에 소비자에게 전가되었다. 하지만 전력시장 개편 이후 PURPA는 에너지 공급사로 하여금 새롭게 시장에 진입하는 소형 독립발전사(IPP)의 전력을 구매해줄 것을 요구하였고 그 형태가 전력구매계약(Power Purchase Agreement, PPA)이 되었다. 초기 IPP사업자들은 영세하였기 때문에 기업금융을 일으킬 수 없었으므로 15~30년의 장기 PPA를 통해서 원리금을 상환하는 비소구(Non-recourse)의 프로젝트 금융(Project finance) 방식의 이용이 가능하게 된 것이다.

21세기 들어서 발전시장의 경쟁이 가속화되는 과정 속에서 좋은 단가의 장기 PPA 체결이 어려워졌음에도 대주들은 여전히 어떤 형태로든 신규 IPP 사업에서 원리금 상환을 보장받기를 원하는 상황이 되었다. 이렇게 되면서 미국 전력시장, 특히 NYISO 및 PJM에서 등장한 방식이 Financial Hedge 방식들이다.

| Figure 4-3 | PPA의 2가지 형태 (출처 : Energy Brainpool)

Corporate PPA
- Physical supply
- Plant operator delivers electricity through the national grid/ direct transmission line
- Agreement on price quantity and timeframe

Plant operator delivers electricity physically at the reference price

Virtual PPA
- Financial compensation
- Power trading on the spot market with a financial compensation from both sides
- Agreement on price, quantity and timeframe

EPEXSPOT

Both parties compensate each other financially to the reference price; indirect electricity supply

우선 기본적으로 생각해볼 수 있는 것은 기존 PPA의 변형이다. 보통 PPA 하면 Physical PPA를 떠올리지만 Financial(혹은 Virtual) PPA도 존재한다. Physical PPA는 과거 많이 사용되었던 것으로 계약 당사자들이 같은 전력계통에 위치하며 실제로 전력을 거래하는 행위를 포함한다. 반면 Financial PPA는 실제 전력거래와 상관이 없으므로 꼭 두 당사자가 같은 전력계통에 위치해야 하는 것은 아니나, Physical PPA처럼 단가 및 물량, 기간에 대한 계약을 체결한다. 시장에서 판매되는 도매전력단가가 그 계약 단가를 밑도는 경우, 계약의 타방 당사자가 차액분을 보전하지만 도매전력가가 높은 경우에는 초과분을 IPP사업자가 계약의 타방 당사자에게 지급해야 한다. 보통 계약의 타방 당사자는 일반기업 및 금융회사가 될 수도 있다.

그다음으로는 보통 미국 전력시장에서 볼 수 있는 Revenue Put option(RPO)이 있다. Revenue put option은 매출에서 연료비를 제외하고 난 뒤, 고정비와 원리금 상환을 위한 현금재원(Net revenue amount)을 보장해주는 것으로 통상 PPA보다는 짧은 5년짜리 옵션상품이며, 대출기간도 옵션기간과 일치시킨다.

옵션상품의 매수자(IPP사업자)는 도매전력단가의 하락이나 연료비의 상승 등으로 특정 Net revenue amount보다 적은 현금흐름이 발생하면 그 차액을 옵션상품의 매도자(보통 전력 선물거래 전문가 등을 보유한 금융회사)가 지급하는 형식이다. 대신 매도자는 상품 공급의 대가로 매수자에게 계약 시 Upfront-fee를 받아 가는데 그 금액이 USD 40~80mil 혹은 시장변동성에 따라 그 이상이 되기도 한다.

또한, 미국 가스복합 화력발전사업에서는 Heat Rate Call option(HRCO)이라는 상품도 존재한다. Heat rate란 1kW를 생산하기 위해 필요한 열량(보통 Btu 혹은 kJ)으로 숫자가 작을수록 적은 열량으로도 동일한 양의 발전이 가능하다는 의미이다. 이는 실제 발전량과는 직접적인 연관은 없는 개념적인 것으로 특정 Heat rate x 가스가격 x 발전량 [Btu/kW x USD/Btu x kW = USD]을 곱한 금액과 실제 발전량 x 도매전력단가[kW x USD/kW = USD]의 차이에 대한 콜옵션이다. 특정 Heat rate x 가스가격을 기준으로 그 값보다 올라가면 (즉, 발전단가가 증가하면) 그 차액에 대해서 보상하는 개념으로 RPO가 Upfront-fee로 초기에 대금을 지급받는 반면, HRCO는 시간당으로 계산하여 정산한다.

위의 공식에서 발전량을 제외하면 도매전력단가와 Heat rate x 가스가격의 차이로 정리가 될 수 있는데 이를 Spark Spread라고 하며 이 지표의 변동성에 따라서 옵션의 매수/매도자의 손익이 결정된다.

| Figure 4-4 | Spark Spread와 Dark Spread (출처: EIA)

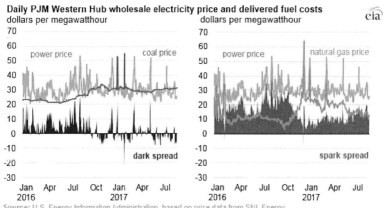

Daily PJM Western Hub wholesale electricity price and delivered fuel costs
Source: U.S. Energy Information Administration, based on price data from SNL Energy

　　이러한 Hedge 상품들이 존재 가능한 이유는 전력의 선물거래나 Spark Spread 변동성에 투자하는 금융시장이 존재하기 때문이다. 즉 RPO이든 HRCO이든 모든 파생상품은 보통 Zero-sum 게임으로 누군가 하나는 손해를 보는 구조이다. 옵션매수자는 이러한 헷지 상품을 통해 원리금 상환에 대한 안정성을 보장받고 PF를 가능하게 하는 데 목적이 있겠지만 옵션매도자는 이런 옵션상품을 통해 수익을 발생시키고자 하는 금융회사로 당연히 100% 리스크를 부담하기보다는 다른 옵션상품이나 선물거래를 통해서 리스크를 제한한다. 이러한 제한이 없다면 아마도 미래를 예언할 전문가가 필요할 것이고 그런 전문가가 예언이 있다 해도 과연 내부 심사로부터 승인을 얻을 수 있을지...

　　우리나라 전력시장, 특히 발전시장은 미국 PJM이나 NYISO를 많이 닮은 듯하여 향후에 이런 헷지 상품 거래가 가능하지 않을까 싶기도 하면서 또 다른 한편으로는 그러기에는 우리나라 전력시장과 금융시장이 충분히 크지 않아 불가능할 것 같다는 생각도 같이 든다. 결론적으로, 하고 싶었던 이야기는 대주는 절대로 돈을 잃을 '염려'조차 하고 싶지 않기에 계약적으로 보장된 곳에 투자하고 싶어 한다.

4.6
불가항력과 손해배상의 예정 _____ (ⓢ)

    입찰서의 부록인 EPC 계약 초안을 보면 가장 먼저 어떤 조항을 보게 되는가? 아마 모든 회사에서는 입찰할 때마다 입찰 조건에 대한 요약을 하게 되니 Bid Bond, Performance Bond, 입찰마감일, LD의 금액이나 한도 등을 가장 먼저 볼 것 같다. 나도 그 숫자들을 보고 나서 "발주처가 너무 한 거 아니니" 하는 이야기를 했던 기억이 난다.

    LD(Liquidated Damage)는 한글로 손해배상의 예정이라고 한다. 공기의 지연으로 발생할 손해배상의 예정은 지체상금이라고도 표현한다.

    개인적으로 처음 금융을 접하고 나서 이 '유동성(Liquidity)'이라는 개념이 참 신선했다. 왜냐하면 회사가 망해서 청산을 통해 부채를 상환하는 것도 Liquidation이라고 하고, 시장에 현금이 많은 것을 유동성이 많다고 하며, 어떤 자산이 쉽게 매각이 되는 개념도 유동성이 많다고 표현한다. 또한 유동화전문회사와 같이 자산의 유동화(영어로는 Securitization이라고 하지만)에서도 비슷한 개념이 쓰인다.

                                             4 인프라 운영기간의 돈

어쨌든 ATM기에서 인출해서 내 지갑에 넣어두지 않는 이상 시스템상으로만 존재하는, 눈에 직접 보이지 않는 숫자의 흐름이 어딘가에서 어떤 기준점(실제로는 출자자 간의 출자확약서나 대출약정서 같은 문서)에 따라 모여서 굳어지면 회사가 되거나 사업으로 변신하고, 또 이게 흩어지면(Liquidation되면) 언제 그랬냐는 듯 물과 같이 없어지고, 어떤 경우에는 이미 만들어져서 오랫동안 그대로 있을 것으로 예상되는 어떠한 고체(채권)가 유동화를 통해서 다시 액체(현금)로 변하는 등의 느낌을 받게 되기 때문이다. 사실 그전에 유동화라고하면 액상화나 콘크리트의 유동화제만 떠올랐었는데 말이다.

다시 본론으로 돌아와서, EPC 계약서에는 항상 손해배상의 책임 한도 (LOL, Limit of Liability)가 있고 분쟁 해결을 위한 절차들이 있다. 건설계약이 이행되는 동안 발생하는 모든 분쟁은 종국에는 공기(시간)나 비용(돈)으로 정리를 하게 되는데, 이 비용의 한도를 정해놓은 것이 LOL이지만 실제로 이 돈을 상대방이 받게 되기까지는 계약서상의 분쟁 해결 절차에 따라 복잡한 법적인 절차를 거쳐서 금액의 확정 및 지급이 이루어진다. 이런 과도한 시간소요를 막고자 조정(Mediation)이나 중재(Arbitration) 등의 분쟁 해결 절차가 발전하였고, 보증(Bond, Guarantee)도 있는데 이 '손해배상의 예정'도 그 중 하나이다. 즉 특정한 조건으로 공기의 지연이 발생하거나 성능의 이상이 발생하는 경우 바로 하루당 얼마를 지급하라고 상호 간에 미리 합의하는 조항이 되는 것이다.

법률적으로는 "채무불이행의 경우에 채무자가 지급해야 할 손해배상액을 당사자 사이에서 미리 계약으로 정하는 것(민법 398조 1항)"이라고도 한다. 이는 항상 문제가 되는 손해배상액의 입증상 곤란을 덜어주고 분쟁을 사전에 예방하면서 심리적인 압박을 주어 채무이행을 확보하기 위한 것이라는 판례가 존재한다.[27]

그럼 공기의 지연으로 발생할 발주자(사업주)의 손해는 무엇이 있을까?

---

27 대판 1993.4.23, 92다41719

1차적으로 그만큼 상업운전이 늦어져서 못 받게 되는 도로의 이용료나 생산되었을 제품에서 발생했을 매출 등이 있겠지만 대부분의 인프라 사업을 100% 자기 자본만으로 진행하는 경우는 드물기 때문에 타인자본에 대한 원리금이 가장 직접적인 영향을 미치는 경우가 많다. 생각해보면 내 돈으로 시작한 가게가 조금 늦게 문을 연다고 하면, 누가 보상해주면야 땡큐지만 아니어도 조금 매출이 감소했다고 인지하면 넘어갈 수 있다. 하지만 남의 돈 빌려다가 시작한 사업이고 문을 열기로 예정된 날 매출의 일부를 원리금으로 갚기로 약속을 한 상태라면, 문을 언제 열었는지가 문제가 될 수도 있다는 말이다(이를 방지하기 위해 일부 책임준공의무에는 준공예정일이 '착공으로부터 몇 개월'이 아니라 '날짜'로 지정되어 있는 경우도 있다).

즉, 공기지연 사유로 인해 감소한 매출도 문제지만 그 매출로 갚으려고 했던 대출약정서상의 원리금 상환 일정이 더 문제가 될 수도 있기에, 손해배상의 예정은 대출약정서상의 원리금 상환 일정을 고려해서 비교해봐야 한다. 총 계약금액이 1,000억원이고 그중 800억을 10%에 빌린 사업에서 예상된 상업운전일부터 이자를 지급한다고 가정할 때, 첫해에만 이자 80억원이 필요하다(원금은 별도). 따라서 이 사업이 1년이 늦어지게 된다면 예정에 없었던 돈 80억원이 추가로 필요한 상황이니 건설사에게 그 금액을 요구해야 할 상황이 발생한 것이다. 지체상금률은 8%/年(즉 0.022%/日)이 될 것이다. 즉 본 사업의 지체로 인해 발생할 지체상금으로 하루당 계약금액의 0.022%를 손해배상의 예정액으로 합의해 볼 수 있다(실제로는 원금 때문에 더 높아지겠지만).

4 인프라 운영기간의 돈

| Table 4-5 | 지체상금률 (출처: 국계법 시행령)

지체상금	= 계약금액 x 지체상금률 x 지체일수
지체상금률	① 공사: 0.5/1000 = 0.05% ② 물품의 제조, 구매: 0.75/1000 = 0.075% ③ 물품의 수리 · 가공 · 대여, 용역: 1.25/1000 = 0.125% ④ 군용 음 · 식료품 제조 · 구매: 1.5/1000 = 0.15% ⑤ 운송 · 보관 및 양곡가공: 1천분의 2.5 ※ 참고 : 국가계약법 시행령 제75조(지체상금률)

「국가를 당사자로 하는 계약에 관한 법률」을 보면 지체상금률과 지체상금의 한도가 나와 있다. 건설공사의 경우 0.05%(0.1%에서 개정됨)로 되어있고 그 한도도 계약금액의 30%로 되어있다. 이렇게 정의된 숫자가 좋은 기준선이 될 수는 있지만 그 이면에 무엇이 있는지 고민해보는 것도 필요하다고 생각한다. 즉 상기의 논리대로라면 국가를 당사자로 한 계약에서의 지체상금은 어쩌면 국가가 이 사업을 위해 필요한 자금을 조달할 때의 비용(예를 들어 국채 이자)과 관련이 있을 것이고 아마 우리나라에서 가장 싸게 자금을 조달할 수 있을 것이기에 이를 근거로 해서 0.05%/日이라는 숫자가 도출되지 않았을까? 다른 말로는 각 사업의 주주별로 신용등급이 다르고 사업의 리스크가 다르기 때문에 타인자본을 조달하는 비용이 다를 것이고 따라서 지체되었을 때 추가로 필요한 돈이 다르기 때문에 지체상금도 다를 수밖에 없을 것이다(지체상금의 한도는 그 재정적인 리스크를 얼마까지 전가할 것이냐의 문제이므로 일단 예외로 하자).

그럼 여기서 한 가지 더, 불가항력일 때는 어떻게 할 것인가? 거의 모든 건설계약서에는 불가항력 조항이 있다. 당사자들 간에 공정하게 리스크를 나누었다고 하는 FIDIC에서 불가항력은 (i) 통제할 수 없고, (ii) 예견할 수 없었고, (iii) 불가피한 사정으로서 (iv) 상대방의 귀책사유에 의하지 않은 사정이라고 정의하고 있으며 기본적으로 양 당사자 간에 리스크를 분담한다는 느낌이 강해서 공기는 연장해주지만 공사금액을 더 주지는 않는 등, 서로 어느 정도 부담하는 것으로 끝나는 경우도 많다.

그럼 대출약정서에도 불가항력이 있을까? 내가 알기로는 불가항력에 의해서 계약의 이행(즉 원리금 상환)에 대한 면책이 가능한 대출 계약서는 없다. (여러분이 어떠한 이유로 돈을 빌리고 나서 "상황이 어쩔 수 없어 못 갚아요"할 수 있는가? 개인파산 외에는 방법이 없다) 즉 건설계약은 불가항력으로 인해 면책이 가능하지만 본 사업을 위해 돈을 빌린 발주자(사업주)는 원리금 상환 의무를 동일한 불가항력 조건으로 면책을 받을 수 없기 때문에 어떻게 해서든 사업을 마무리해야 하는 상황에 놓이게 되며, 그것이 지체상금의 존재의 근본적인 이유라고 할 수도 있겠다.

그럼에도 실제로 그런 일이 발생하게 되면? 대주는 기한이익의 상실(Default)을 선언하거나, Step-in 권리를 통해서 직접 사업에 참여하거나, 아니면 담보권을 행사해서 처분을 하도록 하겠지만, 실제로 대주는 그렇게 능동적으로 활동하는 것을 선호하지는 않기 때문에 치유(Cure)기간을 제공하고 사업주로부터 만회 계획을 받아서 대출약정서를 수정하는 경우가 더 일반적인 것 같다. 이러한 활동을 'Waiver 받는다'고 표현하기도 한다.

그럼 어떤 분들은 이렇게 이야기할 수도 있다. "그럼 대주가 너무 리스크를 부담하는 것 아닌가요? 만약 불가항력 사유로 인해 건설 중에 사업이 완전 없어지게 되면 돈만 나가고 회수는 못하는 상황이 될 테니까요. 만약 운영기간 중에 그런 일이 발생하면 그건 더 문제일 수도 있겠네요?"

맞다. 그래서 사업의 존폐로 인해 발생할 손실은 대주가 더 많을 수밖에 없고, (대박이 난다고 해도 어차피 약정된 이자만 받게 될 거고) 그렇기 때문에 사업을 볼 때 보수적으로 접근할 수밖에 없어서 대출약정서에 그렇게 많은 준수사항들(covenant)이 들어가는 것이다. 또한 그렇게 하겠다고 해도 결국 금융조달이 되지 않는 사업들이 존재하는 이유도 건설 및 운영기간에 발생할 수 있는 불가항력 등의 변수에 대해 얼마나 현실적인 대응이 가능한지 검토해야 하기 때문이다(그래서 기승전'담보'로 가는 것 같기도 하다).

일반적으로 건설/운영기간에 발생 가능한 불가항력이 뭐가 있을까? 전쟁, 천재지변 등은 건설 및 운영보험이나 정치보험(PRI)으로 보장할 것이고 (따라서 보험금 계정 혹은 보험금 청구권을 대주가 담보로 받아둔다.) 그 외에 보험으로 보장 범위를 초과하는 국유화나 특정(혹은 본건 사업에 대해서만) 법이 부정적으로 바뀌는 것, 소요, 폭동 등도 고려해야 하는데 그렇기 때문에 결국 국가의 신용등급과 정치적인 안정성이 해외사업 금융지원에 있어서 매우 중요할 수밖에 없는 것이다. 그렇기 때문에 개발도상국에는 정치적인 힘을 실어 줄 수 있는 국제금융기구(MDB)들이 참여할 수밖에 없는 것이다. 일반 상업자금이 국가를 상대할 수는 없으니 말이다.

4.7

대출약정서의 불가항력이 없는 이유? ⸻⸻⸻⸻⸻⸻⸻ 🪙

"그래도 너무한 것 아닌가! 아니 그래도 그렇지, 불가항력이라는 것이 (i) 통제할 수 없고, (ii) 예견할 수 없었고, (iii) 불가피한 사정으로서 (iv) 상대방의 귀책사유에 의하지 않은 사정이라고 하면 이건 대주든 차주든 너든 나든 모두 동일한 것 아닌가? 대주가 차주(혹은 사업주)에 비해서 더 큰 금액을 투자하고 그에 대한 대가로 받는 것은 겨우 이자뿐이니, 대출약정서상의 각종 준수사항이나 요구사항을 포함하는 것이라고 앞서 이야기하긴 했다만... 그래도 그렇지 말이야!"

라고 생각할 수 있다. 물론 나도 그렇다. 사실 이는 세상을 사는 또 다른 부분인 법과 연결된다. 민법상 채권은 "채권법상 특정인(채권자 등)이 특정인(채무자 등)에게 일정한 행위(또는 급부)를 요구할 수 있는 권리"를 말하며 그중에서 금전채권은 "금전의 인도를 목적으로 하는 채권"을 의미한다. 매매·임대차·고용·도급 등의 유상계약에서는 그 반대급부의 내용이 대부분 금전의 지급이므로 금전채권이 발생한다.

그런데 이 금전채권은 통화제도가 존재하는 이상 이행불능이 발생하지 않고, 이행지체만 문제가 된다. 우리가 맺은 계약상 뭔가 문제가 발생해서 그 효력이 바뀌거나 뭔가를 해야 하는 상황이 발생한다면 이는 크게 (i) "해당 계약의 존재 의미가 없어지는" 법률행위의 무효나 법률행위의 취소가 아니면 (ii) 결국 계약서에 있는 대로 행하지 않음에 대한 시비를 가리는 상황일 텐데, 후자를 "급부장애"라고 통칭하지만 채무를 제대로 이행하지 못한 것이 채무자의 귀책사유에 의한 것이라면 보통 이를 가리켜 "채무불이행"이라고 한다. 이 급부장애에는 이행불능, 이행지체, 불완전이행이 있는데, 여기서 이행불능과 이행지체는 동일하게 "채무내용에 좇는 이행을 하지 않거나 할 수 없게 된 것"을 의미하나, 이행불능은 "채무자의 책임으로 돌릴 수 있는 사유로 인해 급부가 후발적인 불능으로 되는 채무불이행 유형"을 말한다. 앞서 언급한 것과 같이 통화제도가 있는 이상 돈을 갚는 것이 '후발적으로 불능'이 되는(갚을 능력이 없다는 것이 아니라, 갚을 수 있을 돈이라는 제도가 없다는 의미[28]) 상황은 있을 수 없기 때문에 금전채무에서는 이행지체만 있다는 뜻이다. 이행지체는 "채무자의 사유로 이행기가 도과하는 채무불이행 유형"을 말한다.

더 큰 틀의 이행지체의 상황에서 채무자의 귀책사유가 없다면 '강제이행'을 하게 되고, 채무자의 귀책사유가 있다면 '손해배상'을 하도록 되어있는데, 강제이행의 경우는 국가기관의 강제력을 빌려 재산을 압류하고 처분하여 채무를 강제적으로 실현시키는 것을 의미하니, 곧 이것이 파산처리가 되는 것이고, 손해배상은 상호 손해배상액을 산정하여 채권자가 받는 것인데, 손해가 금전형태로 나타나는 경우 채무불이행으로 상실한 금액 자체가 손해액이 되므로 결과는 동일하다고 할 수 있다. 거기에 추가하자면 이행기를 초과한 경우, 이자가 가산되는 조항이 있는데 이는 조기상환 수수료와

---

28 "불가능한 것에 대한 채무는 없다(Impossibilium nulla obligation est)"라는 일반 법원칙에 따라 더 이상 실현이 불가능해진 채무(급부의무)는 소멸한다.

동일하게 예정된 대금을 받아 재투자를 할 수 있는 기회비용의 상실이라고 이해할 수 있겠다.

만약 해당 통화가 없다면, 같은 가치의 다른 통화로 채권을 상환해야 하니, 결국 지구가 망해서 모든 통화제도가 없어지지 않는 이상, 영원히 이행지체만 남은 상황이 되므로 EPC든 O&M이든 불가항력 사유가 발생한다고 하더라도 갚아야 할 돈은 남게 되는 것이다. 그래서 대주 입장에서는 강제이행이든 손해배상이든 채무자(차주)의 귀책사유와 무관하게 원금상환을 확실히 받을 수 있도록 주식 및 자산에 대한 담보/질권을 설정하게 되는 것이다.

물론 민법상 쌍무계약일 때는 채무자의 귀책사유가 없이 급부장애 상황이 될 경우, 채무자가 갖고 있는 청구권에 대한 논의를 위해 '위험분담'에 대한 개념은 존재한다. 만약 내 잘못이 아니지만 급부장애 상황이 발생하면, 그에 대한 면책을 해주지만 한편으로는 쌍무계약상 내가 요구할 수 있는 권리도 같이 없어지는 개념이다. 우리 민법은 쌍방에게 책임 없는 사유로 채무의 이행이 불가능해졌을 때는 채무자가 위험을 부담하여야 한다는 채무자부담주의를 택하고 있다. 즉 자신의 채무를 면한 채무자는 반대로 반대채무를 청구할 수 없고, 자신의 손해에 대한 손해배상청구를 자기의 책임 아래 처리하여야 한다.

이미 이자만 납부하고 있는 상황에서 대주측 의무는 없으니 쌍무계약은 아닐 것이고, 만약 약정된 금액을 대출해줄 의무가 있는 상태에서 외계인에 의해서 세상 모든 통화가 사라지면, 상호 의무가 있는 상황이었으나 양 당사자의 귀책사유가 아니니 이러한 상황이 발생할 수 있을까?

4.8

조기상환 수수료의 의미 $\textcircled{\$}$

    은행에서 돈을 빌렸는데 갑자기 목돈이 생기면 나는 지금 있는 빚이 무서워서 얼른 상환하고 싶어진다. 그래서 은행에 문의하면 대출 실행일 이후 얼마 되지 않았기 때문에 조기상환 수수료가 있다면서 얼마를 상환할 것이냐고 묻는다. 그리고 나는 조기상환 수수료를 내고서라도 돈을 갚는다. 추가로 낼 수수료보다 원리금이라는 짐이 더 크게 느껴지기 때문이다. 근데 내가 돈이 좀 생겼으니 얼른 갚아준다고 하는데도 일찍 갚는 것에 대한 수수료를 내라고 하니 조금 억울하기는 하지만 빌릴 때는 이런거 볼 처지는 아니었던 것 같다.

    조기상환 수수료의 논리는 은행 입장에서 만기에 상환될 것이라고 예상하였던 대출금이 중도상환되면서 이 돈을 통해서 발생했을 미래의 확정 이자수입을 잃고, 또 돌려받은 돈을 더 낮은 이자율로 운용해야 할 수도 있는 '기회비용'을 최소화하겠다는 발상에서 시작한다. 한편으로는 대출 계약이 중간에 없어지는 것에 대한 일종의 손해배상으로 대출 실행 시에 들어가는 인건비나 제반 비용에 대한 보상이라고도 한다. 이 조기상환 수수료가 높다는 불만에 따라 당국이 이를 개선하려는 움직임과 이에 대항하는 은행의 노력은 여전히 현재진행형인 것 같다.

인프라 금융에서도 조기상환은 대주단에서 항상 가지고 있는 우려이다. 실제로 코로나로 인해 금리가 하락하였던 최근까지 국내외의 많은 인프라 사업에서 더 낮은 금리와 더 나은 조건으로 대출을 갈아타려는 차환(Refinancing)이 일어났고, 사업주는 더 싼 금리나 최소 더 나은 조건으로 갈아타면서 사업의 수익률을 높이는 좋은 기회로 활용하였지만 반대로 대주 입장에서는 대출로 나가 있던 돈을 예상치 못하게 돌려받았으니 '이 돈을 어찌해야 하나…'하는 상황이 되었다. (실제로는 대출약정서상에 기존 대주에게 차환에 다시 참여할 우선권을 제공하거나, 그런 경우 주선수수료를 면제하는 등의 조항을 넣기도 한다)

이게 무슨 말인고 하니, 금융업의 생리를 보면 더욱 간단하다. 보험사는 보험료를 받아서 운용하다 필요할 때 보험금을 지급한다. 보험료는 보험금과 해당 사건의 발생 가능성을 근거로 해서 책정하는 금액으로, 회사가 망하지 않고 보험금도 지급할 수 있는 적정한 수익률로 보험료로 받은 돈을 운용해야만 하는데, 그 기준이 해당 보험 상품이 개발될 당시가 된다. 보험 상품이 개발된 지 오래되었을수록 현실과의 갭이 클 수밖에 없다. 은행의 경우는 예금과 대출의 이자 마진을 기본으로 하기 때문에 이미 예금이 있어서 이자를 줘야 하는 상황에서 최소 그보다 높은 대출이 나가지 않으면 회사 운영비를 제외하고 적자가 발생할 수밖에 없다. 은행이든 보험회사든 그냥 돈을 금고에 넣어놓고만 있으면 적자가 나는 상황이 되기 때문에 어쨌든 돈을 사용해서 수익을 만들어야 하는데, 조기상환이 되면 예상치 못한 돈이 회수되어서 다시 쓸 곳을 찾아야 한다는 의미이다.[29] 그렇다고 이런 조기상

---

29 이를 두고 업계에서는 "올해 목표는 순증(純增) 00천억원이에요"라고 표현하기도 한다.

환을 원천적으로 막을 수도 없다. 사업주 입장에서는 안 내도 될 이자를 굳이 내고 있을 이유가 없기 때문이다.

그렇기 때문에 대주는 위의 논리를 근거로 조기상환 수수료를 받고자 여러 개념들을 사용하는데, 가장 일반적으로 볼 수 있는 것은 담보 대출과 비슷하다. 예를 들어 첫해는 3%, 그 이후로 1년마다 1%씩 감소하여 3년 뒤면 0%가 되는 것이다. 이는 대출(Loan)의 약정서상에 포함하여 적용할 수 있다.

만약 타인자본이 대출(Loan)이 아니라 채권(Bond) 형식이고 Call이 가능하다면(Callable bond, 조기상환이 가능한 채권), 특정 기간 동안 조기상환을 하지 못하게 하기나 해당 기간 동안 액면금액(par)에서 프리미엄을 얹어서 상환하도록 규정할 수도 있다. 전자를 Hard call protection이라고 하고 후자를 Soft call protection이라고 하는데, 만약 101 Soft call이라고 되어있다면 이는 1%의 프리미엄을 얹어야 한다는 것을 의미한다.

좀 더 강력하게는, 향후 만기까지의 원금과 이자를 모두 합쳐서 받아야지만 조기상환을 인정해주는 경우가 있을 수도 있다. 즉 원금에 향후 발생할 이자를 특정 할인율로 할인한 현가(NPV)를 더해서 조기상환하게 하는 것인데 이를 Make whole 조항이라고 부른다. Make whole 조항을 쓰면서까지 조기상환하려고 하는 상황이라면, 이자를 현가화할 때 쓰는 할인율보다 더 낮은 금리로 조달 가능할 경우에만 경제적인 의미가 있으므로 사실상 조기상환이 쉽지 않게 만든다.

이와 비슷한 논리를 근거로 실무에서 이용되는 것이 바로 미인출 수수료(Commitment fee)이다. 최초에 약정한 돈이 바로 오늘 인출되어서 오늘부터 이자 산정이 되면 좋겠는데, 만약 사업주가 당초 계획보다 1년 뒤에 이 돈을 인출한다면, 1년 동안 이자를 받을 수는 없지만 언제 인출할지 모르니 돈은 묶어 놓아야 하는 상황이므로 대주 입장에서는 묶여있는 죽은 돈이기 때문에 그 기회비용이 필요하다는 논리이다. 보통 1%가 채 되지 않는 금액이나 조기상환 수수료와 동일한 이유라고 할 수 있다.

은행 직원들의 성과급 잔치가 이해가 안 된다는 내용의 기사가 자주 올라온다. 사람들이 분노한 이유는 대출해주고 받는 이자를 근거로 성과급을 지급하는 것일 텐데, 그 이자는 결국 대출을 받은 사람들 주머니에서 나오는 것이지 은행의 능력은 아니지 않느냐는 논리에서 시작한 것으로 보인다. 인프라 금융에서의 대출과 다르게 보통의 경우, 수익성이 더 좋은 사업의 레버리지를 위해서라기보다는 단순히 집이나 차를 사고 월급에서 갚아 나가면서 나의 온전한 내 소유로 만들기 위한 중간 단계 정도로 대출을 받는 경우가 더 많기 때문에 그런 분노가 나온 것이 아닌가 생각된다. 이 기사에는 이러한 논리가 시장경제와 자본주의에 맞지 않다는 은행 직원들로 추정되는 분들의 분노 역시 많이 보였다.

　나는 이 기사와 댓글을 보면서 이런 두 가지 마음이 동시에 들었다. "결국 은행이 받는 대출 이자는 은행이 망하지 않으면서도 내 예금에 대한 이자를 지급하기 위한 재원이므로 어쩔 수 없이 받아들여야 하는 것 아닌가? 그리고 실제 은행에서 대출업무를 하시는 분들은 (특히 인프라에서) 적절한 투자 자산을 찾고 내부 심의를 진행시키기 위해서 얼마나 노력하는데, 그에 대한 보상은 당연한 것이 아닌가?" 한편으로는 "자본주의에서 돈의 흐름은 이해가 되긴 하는데, 경제가 어려워서 다들 이자 내기 힘들다 하는 상황에서, 정말 은행 직원들은 월급 받는 것 이상으로 초과 '성과'를 냈기에 그 대가로 성과급을 받는다고 이해하는 것이 옳은가? 대출이라는 상호 계약에 의해 의무를 이행하는 것 그 이상 이하도 아니지 이게 무슨 엄청난 부가가치 창출이라고 할 수 있나? 70년대처럼 나라 전체가 성장국면이어서 다 같이 잘 살게 되는 분위기는 아니지 않은가?"

　정답은 각자의 가치관과 상황에 따라 다를 것이기에 뭐라고 할 수 없는 영역인 것 같고 양쪽이 다 이해되는 상황이기도 하다. 다만 정답이 무엇인지를 떠나서 내가 최근에 읽었던 책의 한 구절로 대신 마무리하고 싶다.

　　　　　　　　　　　　　　　　　　　　4 인프라 운영기간의 돈

"너무 젊은 나이에 월가에 입성한 경우, 20대나 30대 전부를 바쳐서 일하다가 어느 순간 이 길이 내 길이 아님을 깨닫고 전혀 다른 분야를 추구하러 떠나는 사람들이 있다. 스타트업 벤처 사업에 투자하다가 자신이 직접 스타트업 회사를 세우고 경영하기 위해서 잘나가는 헤지펀드 매니저 자리를 박차고 새롭게 도전하는 사람도 있고, 수년을 뱅커로 살아오다가 자기가 좋아하고 관심 있는 산업 분야의 선두기업 최고경영진으로 활약하기 위해 떠나는 사람도 있다. 속된 말로 돈 넣고 돈 먹기 식의 월스트리트 '가치 창출'에서 직접 현장에서 만들고 운영하고 실제적인 무언가를 만들어내는 진정한 '가치'의 '창조'를 좇는 사람들이다."

- 뉴욕주민의 "디앤서" 중에서

서로가 서로를 공격하는 이유는 그만큼 나눠 먹을 파이가 적기 때문인 것 같다. 유익한 해답은 서로서로 더 적게 먹도록 노력하거나 싸움이 나지 않게 파이를 키우는 것이다. 젊은 사람들이 해야 할 일은 더 적게 먹고자 함보다는 파이를 키울 수 있는 게 무엇인지 고민하는 것이고, 국가와 나라의 어른들이 할 일은 그런 젊은이들이 마음 편히 파이를 키울 수 있게 도전할 수 있는 안전장치를 마련해줘야 하는 것 아닐까?

5

앞으로의 인프라 돈이
흘러갈 곳

5.1

통일은 대박인가요? _____ 🪙

    북한에 도로를 깔겠다 혹은 철도를 깔겠다, 어디 인프라가 노후화되었더라. 이런 이야기를 하려고 시작한 주제는 아니다.

    수년 전 한 TV 프로그램에 영감을 받아, 북한과 중국, 러시아가 인접해 있는 유일한 지역인 하산에 가보려고 시도한 적이 있다. 나진-하산 프로젝트라고 하면 익숙할 것이다. 마침 타이밍 좋게 지원을 받을 수가 있어서 이리저리 수소문을 하다가, 하산은 군사지역이기 때문에 민간인이 들어가기는 어렵고 다만 블라디보스토크를 시작으로 크라스키노까지는 갈 기회를 만들었다. 그 이후로 얼마 뒤에는 블라디보스토크 위의 하바롭스크에도 출장을 가게 되었는데, 아무래도 러시아 극동지역에 출장을 가거나 거기서 사람들을 만나고 미팅을 할 기회가 상대적으로 적다 보니(정확히 말하자면 할만한 일거리가 적으니) 이 기회에 여기에서 내가 뭘 보고 느꼈는지를 공유하면 어떨까 싶어서 시작한 주제이다.

    통일이라고 하면, 인구도 1억 명으로 늘어나 내수시장이 생기고 지하자원도 늘어나고 경제 부국이 될 거라 믿는 장밋빛 미래를 이야기하는 사람도 있고, 반대로 독일처럼 수십 년간 통일 이전과 같은 수준의 정상화는 어려울 것인데 거기다 남북한 주민 간의 이질감으로 사회문제가 더 많아질 것이라는 부정적인 의견도 많아 항상 대립하는 주제인 것 같다. 나도 양쪽 모두 동의한다. 다만 언젠가 통일이 된다면 우리에게는 처음 생기는 육지국경선이 있을 것이며 그 경계선을 넘어 우리도 무엇인가 새로운 것을 해볼 수 있지 않을까? 특히 인프라 측면에서는 어떤 것이 있을까 하는 궁금증이 있지는 않은가?

블라디보스토크에서 차를 타고 그나마 중국, 북한과 가까운 크라스키노에 갔었는데 여기는 단지동맹비라는 기념비가 있는 곳이기도 하고, 러시아산 석탄이 수출되는 포시에트 항구도 있는 곳이다. 단지동맹비 덕분인지는 모르겠지만 근처 매점에는 한국어와 러시아어, 중국어가 같이 쓰여있는 메뉴판이 있었다. 또 한쪽에는 다수의 중국사람들이 마치 수학여행 오가듯 (물론 나이 드신 분들이었다) 대형버스를 타고 와서 단체로 식당에서 밥을 먹은 후, 버스를 갈아타고 중국 쪽으로 출발하기도 하였다.

| Figure 5-1 | 극동러시아 방문 위치 (출처: 저자)

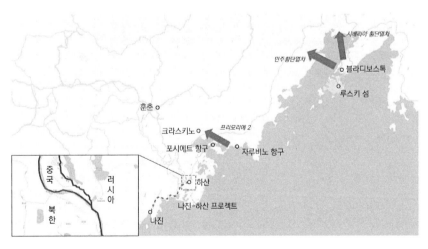

여기에서 만난 한국 분은 향후 러시아로부터 가스관이 매설될 지역으로 논의된 곳이라며 나와 같이 간 일행에게 넓은 평원을 보여주시기도 하셨고, 최초에 고려인들이 정착했다고 하는 포시에트항에서 석탄이 적재되어있는 것과 그 뒤에 너무나도 낙후된 기숙사가 있었던 것도 인상적이었다.

| Figure 5-2 | 러시아어, 중국어, 한국어가 같이 있는 메뉴판 (출처: 저자)

나는 개인적으로 통일에 찬성하는 편이다. 한민족이니 동포니 이런 것들을 떠나서 내가 극동러시아라고 본 블라디보스토크나 하바롭스크, 크라스키노 모두 너무 낙후되어있는데 어느 기사를 검색하더라도 향후 발전할 중요 지역으로 꼽히고 있기 때문이다. 통일이 되어서 우리나라의 실제 국경이 중국과 러시아와 맞닿게 되면 그 근방에서 한국인들이 할 수 있는 것이 너무나도 많을 것 같다는 생각이 든다(단언컨대 한국인들이라면 거기서도 무언가 만들어 낼 것이라 믿는다).

러시아 정부가 극동 및 바이칼 지역의 개발을 위해서 2016년에 설립한 극동개발부(Far East Investment and Export Agency 이하 "FEIE")의 담당자와도 미팅을 했었는데 외국 자본, 특히 한중일의 자금을 유치하여 극동지방을 개발하는 것이 목표라고 말해주었다. 하지만 현실은 녹록지 않다. 특히 러시아와 중국의 연대는 미국을 중심으로 한 서방세력과 부딪히고 있고, 따라서 미국의 우방국가인 한국 및 일본이 러시아에 투자하기는 매우 어렵기 때문이다. 나도 극동개발부에서 관심 있게 보는 포시에트나 자루비노, 바니노 항과 관련된 사업을 검토한 적이 있지만 언제나 결론은 미국의 제재로 인해 우리까지 불똥이 튀지는 않을까 하는 걱정이었다.

그럼에도 불구하고 블라디보스토크에서 지사를 설립하고 활동 중이신 한국 분들께서는 이 나라도 사람 사는 동네여서 일할 거리는 찾을 수 있다고 하셨다.

| Figure 5-3 | 극동개발부에서 중점 추진 중인 자유항 (출처: 극동개발부)

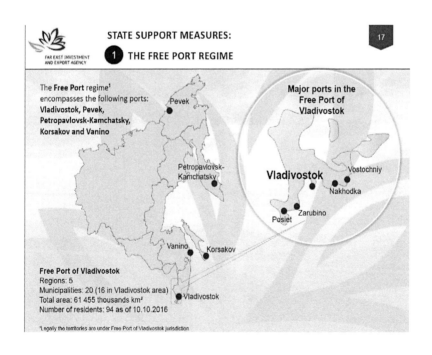

2022년 러시아가 우크라이나를 침공하기 이전에 이미 러시아는 크림반도를 병합하였는데, 결국 핵심은 우크라이나 내 친러시아 세력을 규합하는 활동으로 이해되었다. 해당 지역에 소속된 사람들 스스로 러시아를 가깝게 생각하니 이러한 기회가 찾아왔을 때 자연스럽게 러시아를 선택하는 것이다.

결국 우리나라의 통일도, 통일 그 이후도 그런 것이 아닐까? 어떤 타이밍에 북한이 어딘가에 귀속되길 원한다고 하면 결국 그 결정은 특정인이나 국민 전체가 하게 될 텐데 (둘이 동시에 하지는 않을 것 같다) 그런 시점이 오면 결국 그간 잘 지냈던 쪽이나 편한 쪽에 붙게 되지 않을까? 그런 의미에서 북한이 여전히 한글을 쓰고 있다는 점이 다행인 것 같기도 하다.

만약 어느 순간에 통일된 한국과 인접한 극동러시아나 중국의 일부가 독립하여 제3의 국가를 찾는다면 당연히 한국밖에 선택지가 없으니 언젠가 미국 예언가가 이야기했던 대로 되는 것은 아닐까? 그러면 우리가 할 수 있는 것들이 더 많아지지 않을까 생각한다. 지금과는 완전 다른 세상일 것이다.

다른 이야기로, 통일이 되면 그럼 어떤 자금으로 개발이 이루어질까? 재정사업만으로 가능할까? 원칙적으론 나는 아니라고 생각한다. 돈을 벌 수 있다는 생각에 민간자본이 들어갈 수도 있고, 대의명분을 앞세워서 국제금융기구가 들어올 수도 있다. 내 생각에 민간자본이 외국으로부터 들어오면 그때부터 문제가 된다고 생각한다. 자금을 투자한 나라에서의 권리를 원할 것이고 원래 잘 모르는 동네이니 가장 핫하고 딱 봐도 잘 될 것 같은 대형 인프라나 투자한 나라의 이해관계와 연결이 되는 항만 같은 곳에만 돈을 넣을 것이다. 그리고 그런 것을 빼앗기면 통일의 진정한 의미는 퇴색될 것이다.

지구 온난화 때문에 부동항이 얼마나 더 의미가 있는지는 모르겠지만, 러시아든 중국이든 태평양 쪽으로 나가는 길을 찾고 있고, 북극해 항로가 더 활발해지면 추운 북극을 돌아 처음 만나게 되는 나라들이 한국과 일본, 중국일 테니, 너무나도 중요하다.

나는 그런 곳에 우리 돈이 흘러가게끔 해야 한다고 생각한다. 돈은 결국 힘이기 때문이다. 미국과 중국이 강대국인 이유는 자금력이 있기 때문이다.

5 앞으로의 인프라 돈이 흘러갈 곳

돈을 빌려준 다음에 마음에 들지 않으면 대신 다른 권리를 가져오는 것이 기본 원칙이다. 내 생각으로는 앞으로 인프라 돈이 흘러갈 곳 중에 하나가 북한이고 바라건대 국경을 넘어 러시아와 중국까지 이어졌으면 하는데, 되도록 우리나라의 돈이 들어가서 중요한 것들을 잃지 않았으면 한다.

5.2

좋든 싫든 ESG 1부 – 적도원칙 ⎯⎯⎯⎯⎯⎯⎯⎯⎯⎯ 🪙

수출입은행과 미국 셰일가스 미드스트림 딜을 한 적이 있었다. 현재 국내 주요 시중은행들은 모두 적도원칙에 가입이 되어 있는 상태여서, 당연히 우리도 적도원칙에 대해 주선사인 수출입은행이 검토한 것이 있는지 요청을 하니, 자기들은 적도원칙에 가입되어 있지 않고 내부적으로는 OECD 가이드라인에 맞춰 사회환경 관련된 전문가들과 평가를 수행할 뿐 '적도원칙'이라는 타이틀을 달고 수행하는 절차는 없다고 대답하였다. 솔직히 조금은 당황해서 홈페이지를 찾아보니, 이미 수출입은행은 적도원칙의 근간과 동일한 IFC의 사회환경영향평가 가이드라인을 준용하여 만들어진 OECD 가이드라인을 활용하고 있었다. 그 내용은 적도원칙과 매우 유사하나 공적수출신용기관(ECA)인 점을 고려하여 더 강화된 부분도 존재하였다. 예전에 시공사에 있을 때, 개발도상국 사업개발에서 정책자금을 활용해야 한다는 이야기가 나올 때마다 "OECD 가이드라인"이라는 단어를 어깨 너머 들었었는데, (사실 나만 몰랐겠지만) 이미 오래전부터 적도원칙의 근간이 되는 금융의 방향성은 이미 자리를 잡고 있었다.

5 앞으로의 인프라 돈이 흘러갈 곳

| **Figure 5-4** | 수출입은행 사회환경평가 절차도 (출처: 수출입은행 홈페이지)

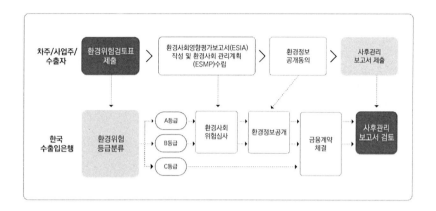

국내 주요 상업은행들이 가입한 적도원칙(Equator Principles, EP)의 시작은 2000년대 초반으로 거슬러 올라간다. 2003년 5월 네덜란드 은행 ABN 암로홀딩(ABN AMRO Holdings)은 환경적 요인을 고려하지 않고 사업을 밀어붙이던 인도네시아 최대 금광회사 PT Freeport의 금광 개발 프로젝트에 참여하기로 하는데 FOE 네덜란드(Friends of the Earth Netherlands) 등 환경단체의 거센 반발에 부딪혔고, ABN 암로홀딩은 환경단체의 반발, 원주민들에 대한 강제이주와 주거지 마련, 문화의 보존, 손해배상 등 문제에 직면하게 되었다고 한다. 이를 시작으로 개발도상국과 저개발국가의 민간 기업에 자금을 투자하는 국제금융기구인 국제금융공사(IFC, The International Finance Corporation)를 중심으로 2003년 6월에 금융회사들의 자발적인 행동협약 '적도원칙1'을 제정하게 된다.

앞서 언급한 ECA(공적수출신용기관, Export Credit Agency)를 위한 OECD Guideline이라고 언급한 "Recommendation of the council on common approaches for officially supported export credits and environmental and social due diligence(The "Common Approaches")"에도 환경과 관련된 제안사항이 2000년 즘에 등장하는 것을 보니, OECD 협약(Convention of the

Organization for Economic Co-operation and Development)이 2차대전 이후 유럽 복구와 관련된 Marshall plan을 시작으로 1960년에 등장한 것을 고려할 때, 단순히 인도네시아 광산개발에서 있었던 환경문제로 시작된 것이 아니라, 아마도 이미 그 당시에 논의되고 있었던 사안이며 적도원칙과 OECD 가이드라인이 비슷한 원칙에서 시작된 것으로 생각된다.

Having regard to the Convention on the Organization for Economic Co-operation and Development of 14 December 1960 and, in particular, to Article 5 b) thereof;

Having regard to the mandate from OECD Ministers given in 1999 to strengthen Common Approaches on environment and officially supported export credits by the end of 2001 and noting that this mandate was renewed in 2000 when OECD Ministers welcomed the progress towards Common Approaches;

OECD 가이드라인은 (최소한 금융에 있어서는) ECA 금융기관에 적용되는 원칙이겠지만, 적도원칙은 그보다 더 확장되어 프로젝트 파이낸싱 등에 있어서 대형 개발사업이 환경 파괴 또는 인권 침해 문제가 있을 경우 대출을 하지 않겠다는 금융회사들의 자발적인 협약이자 일종의 리스크 관리 프레임워크이다. 이 프레임워크는 사회 및 환경적인 영향을 관리하거나 평가, 결정하는 데 있어서 최소한의 가이드라인을 제시하는데 국제적으로 지원되는 모든 산업 및 신규 프로젝트와 관련된 4가지의 금융상품에 적용된다.

| Table 5-1 |　　적도원칙 적용 대상 (출처: 적도원칙 홈페이지)

구분	내용
1	프로젝트 총액이 US$10백만 이상인 프로젝트 금융 자문 서비스(Project financing advisory service)
2	프로젝트 총액이 US$10백만 이상인 프로젝트 금융(Project financing)
3	다음 4가지 조건을 모두 충족하는 프로젝트 관련 기업 대출(Project-related corporate loan): 구매자 신용방식의 수출 금융도 포함 A. 대출금액의 과반 이상이 고객이 직간접적으로 실질 지배권을 갖는 단일 프로젝트와 관련된 경우 B. 총 대출금액이 US$100백만 이상 C. 해당 EPFI의 약정금액이 (신디케이션 또는 매각 이전) US$50백만 이상 D. 대출기간이 2년 이상
4	상기 조건을 충족할 것으로 예상되는 프로젝트 금융 또는 프로젝트 관련 기업대출로 대환이 의도된 대출기간 2년 미만의 브릿지론(Bridge loan)

2022년 중반 기준으로 EP에 가입되어 있는 금융기관은 총 37개국의 120여 개 이상 금융기관(EPFI, Equator Principle Financial Institutions)인데 우리나라는 산업은행을 포함하여 21년 여름, 이미 국내 5대 시중은행은 모두 적도원칙에 가입하였다.

적도원칙은 2003년 적도원칙1이 제정된 이후에 3차례 개정되었고, 2020년 10월 기준으로 적도원칙4(EP4)가 적용 중이다.

| Figure 5-5 |　적도원칙4 (출처: 적도원칙 홈페이지)

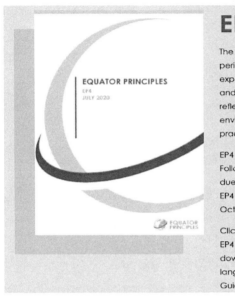

적도원칙상 총 10가지 원칙에 부합하는 프로젝트에만 금융지원이 가능한데, 그중 1원칙은 등급의 분류로서 다음과 같이 IFC 환경사회 등급 분류 프로세스에 근거하여 나누어진다.

| Table 5-2 |　적도원칙 등급 구분 (출처: 적도원칙 홈페이지)

등급	내용
A 등급	부정적인 잠재적 환경·사회 위험 및/또는 영향을 중대하게 미치는 프로젝트로서, 해당 위험 및/또는 영향이 다양하거나, 회복불능이거나 또는 전례가 없는 경우
B 등급	부정적인 잠재적 환경·사회 위험 및/또는 영향을 제한적으로 미치는 프로젝트로서 해당 위험 및/또는 영향의 건수가 적고, 범위가 대체로 현장에 국한되며, 대부분 회복가능하고, 경감방안을 통해 용이하게 대처 가능한 경우
C 등급	부정적인 환경·사회 위험 및/또는 영향이 경미하거나 없는 프로젝트

| Figure 5-6 | 적도원칙상 사회환경리스크 분석 절차 (출처: Povertyinfo.org 블로그)

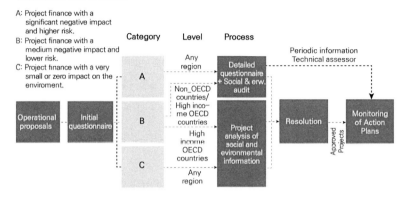

전 세계 금융기관들의 수에 비해 적도원칙이 적용되어 투자되는 절대적
인 크기는 아직 작으며, 적도원칙에도 나와 있듯 이 원칙은 금융기관의 내
부 환경사회 정책, 절차 및 규준 개발을 위한 기준과 틀로서 그 누구도 이를
통해서 권리나 의무가 생기지 않는다. 또한 각 금융기관은 자발적이고 독립
적으로 이 원칙을 채택할 수 있지만 IFC나 WBG, 적도원칙협회나 다른 EPFI
에 의존하거나 책임을 물을 수도 없다. 현지법과 상충되면 현지의 법이 당
연히 우선한다. 즉, 적도원칙이 국제법으로서의 지위를 갖는 것은 아니므로
원칙이 적용되지 않는 경우가 자주 발생한다는 한계도 동시에 존재한다.

그럼에도 불구하고 EBRD(European Bank for Reconstruction & Develop-
ment)와 같은 국제금융기구(MDB, Multilateral Development Bank)나 OECD에
참여하는 ECA(Export Credit Agencies) 등도 적도원칙과 동일한 기준으로 프
로젝트를 분류하기도 한다. 결국 금융의 속성이라는 것은 서로 뭉치기도 하
고 나눠지기도 하는 것이지 홀로 독야청청할 수는 없다. 따라서 코로나와
함께 촉발된 ESG 트렌드에 발맞춰 적도원칙에서 배제되는 사업에 투자할
수 있는 여력은 점점 감소하고 있기 때문에 그 영향력은 무시할 수 없다.

혹 누군가는 이렇게 말할 수 있다. "그건 금융 쪽 이야기이고 세상에 그
것보다 돈 되는 일이 얼마나 많은데 언제까지 그런 도덕책 같은 이야기만
하실 건가요?" 맞는 이야기다. 실제로 가끔 무기수출과 관련된 딜이 접수될
때도 있는데, 마약이나 총기도 결국 큰돈이 움직이는 산업이다. 부정할 수
없다.

굳이 그렇게 심각하게 가지 않더라도, 가까운 예로 자산운용사에서 근
무하는 지인이 관리하는 펀드 중, 가장 신경 안 쓰고 걱정 없이 잘 돌아가는
자산이 석탄발전소요, 그 석탄발전소를 소유한 국내 SI 내부적으로도 더도
덜도 말고 이런 자산 딱 3개만 더 있으면 좋겠다고 하니, 틀린 말이 아닌 수
준이 아니라 맞는 말이다.

그럼에도 불구하고, 내가 이야기하고 싶은 것은 돈이 이제는 그쪽을
잘 보고 싶어 하지 않는다는 점이다. 이를 "피로도가 쌓였다"라고 표현하
기도 한다. 모든 일이 그렇듯 금융도 사람이 하는 일이다. 중간에서 중개
(Brokerage)나 자문(Advisory) 역할(증권사나 자문사 같은 소위 Sell-side)이 아닌
투자한 자산을 보유하는 조직(보험회사나 은행과 같은 소위 Buy-Side)에서는 투
자 중/예정인 사업이 환경단체의 공격 등으로 인해 사업 대내외적으로, 혹
은 투자 기관의 Reputation상 문제가 발생하면 (본인이 투자결정을 하지 않았더
라도) 당시의 담당자의 스트레스가 이만저만이 아니니, 굳이 힘들게 내부의
Challenge를 거치기보다는 그냥 안 보고 싶은 마음이 더 크다. 나도 인수받
아 관리 중이던 석탄 관련 자산에 대해서, 해당 국가 환경단체가 직접 회사
IR팀을 통해서 공식적으로 (요약하자면) "앞으로는 석탄과 관련된 이 OO자산
을 운영 중인 xx회사의 향후 사업에는 어떠한 금융도 지원하지 않겠다고 답
변해라, 그렇지 않으면 후환이 있을 것이다"라는 메일을 보내왔다. 어쩌나
싶어 가만히 지켜봤더니, 얼마 지나지 않아 현지 국가에 있는 계열사 영업장
앞에서 시위를 하고 바로 기사화시키는 것을 보고 나서 "아이고 죽을죄를
지었습니다" 하며 바로 회신했던 기억이 있다. 여전히 환경과 무관하게 사업
과 수익률 자체만 분석해서 참여하는 금융기관이 있는 것은 사실이나, 앞으

로는 더욱더 어려워지기만 할 것 같다. 이러한 피로도 때문이라도 말이다.

최근에 만난 영국 자산운용사는 자기들이 B-lab[30]이라는 Non-profit network에서 B-Corp 인증을 받은 친환경 기업이 되었다고 소개하면서 B-Corp은 단순히 금융기관용이 아니라 일반적인 기업을 위한 것이므로, 본인들의 활동 자체가 금융을 넘어 친환경적임을 강조하였다. B-Lab의 캐치프레이즈는 "B Lab is the nonprofit network transforming the global economy to benefit all people, communities, and the planet."으로 우리나라에도 사무실을 두고 있다. 앞으로 이러한 경향은 점점 더 강해질 것 같다.

30 https://www.bcorporation.net/

5.3

좋든 싫든 ESG 2부 – ESG채권

ESG투자가 활발해지면서 덩달아 흔하게 들리는 것이 ESG채권이다. 내가 최근 에너지와 관련된 분야에 있어서 그런지 몰라도 사회적채권(Social Bond)보다는 녹색채권(Green Bond)이 더 흔하게 들린다. ESG 중에서도 E(Environmental)는 직관적이지만 S(Social)나 G(Governance)는 모호한 부분이 있어서 그런 것 아닐까.

2022년 상반기에 KRX 사회책임투자채권 홈페이지에 공시된 공모 녹색채권만 봐도 18.5조원이고, ESG채권 전체로 보면 약 180조원이다. 우리나라의 채권 발행잔액은 2021년 현재 국채를 포함하여 2,462조원이고, KRX 사회책임투자채권에 해당하는 회사채/특수채만 보면 발행잔액이 1,300조원 규모이니 ESG채권이 차지하는 비중은 상당하다. 특히 ESG채권의 경우는 발행을 하면서 ESG와 관련된 특수한 곳에만 투자하게끔 되어있기 때문에, 그런 투자대상이 한정된 채권을 발행한다고 생각하면 2018.12.31일 기준 1조원 규모였던 ESG채권 잔액이 이만큼 성장한 것은 ESG투자와 관련한 유

의미한 변화가 있음을 쉽게 알 수 있는 부분이다. 여기에 더불어, 공모가 아닌 사모시장에서 발행하는 채권이나 대출도 인증서를 얻으면 ESG채권이나 대출로 진행이 가능하다.

다만, 실제 ESG채권 발행(흔히 증권사 DCM 부문) 쪽 이야기를 들어보면 ESG채권이라고 해서 딱히 금리상 메리트가 있는 것도 아니며, ESG채권이어서 수요가 몰리는 것도 아니라고 하니, 혹자가 말하는 것처럼 그냥 인증회사의 장삿속인 것은 아닌지 하는 생각도 든다. 다만 한편으로는 은행이나 보험회사 등 금융기관에서 발행하는 ESG채권은 ESG사업에만 투자되어야 하고, 이를 증명하는 가장 쉬운 방법이 ESG 인증서이며, 요새는 자산운용사도 투자대상이 되는 자산이나 펀드 자체에 대해서도 ESG평가를 받는 것을 추진하고 있으나, 금리상 메리트보다는 소위 Name plate를 위한 장치로 접근하는 것이 올바른 것 같다는 생각도 동시에 든다.

| Figure 5-7 | 사모 ESG 채권 (출처: KOFIA BIS 채권정보)

HOME>발행시장>종목별 발행정보

| 채권종류 | 선택 ∨ | | 잔존기간 | 전체 ∨ | | 이자지급 | 전체 ∨ |
| 종목명 ∨ | (녹)(사모) | | | | | | 조회 ⟩ |

(단위 : 억원,%)

종목명	표준코드	발행일	만기일	잔존기간	발행액	이자		표면금리
						지급유형	주기(월)	
SK에코플랜트17…	KR6003343C50	2022-05-13	2024-05-13	01/10/17	500	이표채	03	4.409
그린이에스에스…	KR6399891BA9	2021-10-01	2024-10-01	02/03/05	100	이표채	03	3.000
제이제이이오제삼…	KR6389573B55	2021-05-31	2024-05-31	01/11/05	350	이표채	03	4.400

| Figure 5-8 | KRX 등록 채권유형별 상장잔액

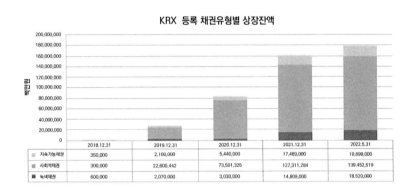

KRX 등록 채권유형별 상장잔액

	2018.12.31	2019.12.31	2020.12.31	2021.12.31	2022.5.31
지속가능채권	350,000	2,100,000	5,440,000	17,489,000	19,699,000
사회적채권	300,000	22,600,442	73,591,325	127,311,284	139,452,519
녹색채권	600,000	2,070,000	3,030,000	14,809,000	18,520,000

| Figure 5-9 | 발행채권 잔액 현황 (출처: e-나라지표)

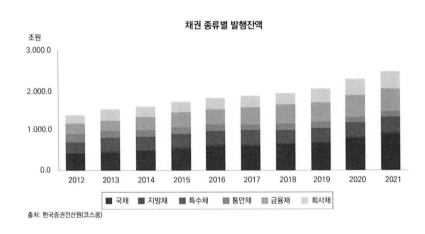

채권 종류별 발행잔액

출처: 한국증권전산원(코스콤)

하지만 이러한 ESG채권도, 전체 채권시장이 흔들리기 시작하면 같이 흔들리는 법. ESG라고 대세를 바꿀 정도의 것은 아니라는 반증이다. 특히 2022년 상반기 글로벌 금리가 급등하면서 다른 채권과도 마찬가지로 ESG 채권도 발행규모가 감소하였다.

이러한 ESG채권의 발행량 증가와 더불어서, 내가 언급하고 싶은 부분 중 하나는 '채권'이라는 형태의 자금조달 방법이다. 앞서 언급한 바와 같이 우리나라는 아직 금융시장이 미국이나 영국처럼 크지 못해서 인프라 사업에서 채권을 발행하여 조달하는 경우가 많지는 않다. 하지만 앞으로 있을 친환경 사업에서 ESG인증을 받아 채권을 발행하면 그 돈으로 ESG투자를 해야 하는 Buy-side의 누군가에게는 참 구미 당기는 상품이 될 수도 있다는 점이다. 특히 ESG 중에서도 E가 가장 직관적이고 설명하기 쉽다는 점에서 친환경 사업이나 에너지와 관련한 사업에서 녹색채권(그린본드)으로 자금을 조달하는 방식이 과거보다 훨씬 수월해지고 더 나아지지 않을까 개인적으로 생각해본다. 일례로 내가 금융자문 및 주선을 하면서 발행했던 그린(사모)채권의 수요가 생각보다 있어서 어렵지 않게 시장에 Tapping하였고 이를 통해 만나게 된 Buy-side의 담당자들도 기존의 인프라 대출/지분 투자 때 만나게 된 사람들과는 다른, 같은 금융시장이지만 다른 영역의 다른 접근법을 가지고 있는 사람임을 알 수 있었다.

한 가지 더, 소위 인프라의 지분 및 대출 투자를 검토하는 은행(대출시장) 및 대체투자라는 이름하에 보험사와 같은 금융회사(자본시장)의 인력 및 시장 규모보다 채권상품에 투자하고 이를 심사하는 인력 및 시장 규모가 훨씬 크다는 점도 언급하고 싶은 부분이다.

5.4

우주 산업도 인프라로 볼 수 있을까? _____ ⓢ

나로호와 누리호를 한국에서 발사하다니, 정말 대단한 기술력이다. 그것도 선진국에서 투자한 금액보다 훨씬 적은 R&D 비용을 들여서 말이다(사실 이 부분은 한편으로는 부끄러워해야 할 부분이기도 하지만). 미국에서는 아르테미스도 발사하였다. 어쨌든 개인적으로는 우주 사업에 관심이 있어 지속적으로 지켜보고 있는데, 항상 드는 의문 중 하나는 "우주 산업도 일종의 인프라 Sector라고 볼 수 있지 않을까?"이다. 그것이 수익성이 없어서 재정사업으로 분류되든, 민자사업으로 분류되든 말이다. 만약 민자사업으로 분류할 수 있다면 언젠가는 PPP 개념이, 더 나아가서 민간 PF 방식의 적용도 가능할 것으로 생각된다.

최근에 개봉된 『고요의 바다』에서처럼 월수를 채취할 수 있는 기술이 있고 이를 지구에 내다 파는 시장만 형성된다면 더할 나위 없을 것이다. 아바타도 결국 나비족이 사는 나무 아래에 '돈'이 되는 광물이 있기 때문 아닌가? 그런 사업에 투자하라고 하면 모두 ESG에 걸릴 것 같기도 하지만...

실제로 유럽에서는 2000년 초반에 갈릴레오 Concession 프로젝트를 진행한 적이 있다.

일반적으로 우리가 아는 GPS는 GNSS(Global Navigation Satellite System)의 일종으로 미국에서 만들어진 개념이다. 이 GNSS는 우주궤도를 돌고 있는 인공위성에 발신하는 전파를 이용하여 지구 전역에서 움직이는 물체의 위치 및 고도, 속도를 계산히는 위성항법시스템을 말하는데, 현재 미사일 유도와 같은 군사적 용도뿐 아니라 측량이나 항공기, 선박 자동차 등 항법장치에도 많이 이용되고 있다. 이런 종류의 시스템에는 미국의 GPS, 러시아는 GLONASS, 유럽에서는 Galileo, 일본의 QZSS가 대표적인데 현재 정상 가동되어 활발하게 서비스를 제공하는 위성측위시스템은 GPS와 GLONASS 정도이다.

유럽의 Galileo Concession 프로젝트는 이런 GNSS 서비스에 대한 미국의 의존도를 낮추기 위해 시작하였으며 크게 2단계로 나누어진다.

1단계는 GNSS-1이라고 불리며 GPS와 GLONASS 시스템을 보완하는 개념으로 EGNOS라고도 알려져 있다. 이를 통해서 신호의 신뢰성과 정확도를 높이고자 하는 것으로 EGNOS는 1994년 유럽 우주국(ESA) 프로그램을 통해서 시작되었다.

2단계는 GNSS-2로서 이를 Galileo라고 부른다. 약 23,000km 고도에서 30개의 위성을 이용하여 민간서비스를 제공하는 것을 목표로 하고 있다. 이를 위해서 European Commission과 ESA 구성원들이 출자를 하여 사업을 시작하였는데, 중간에 Galileo Joint Undertaking(GJU)이라는 일종의 주무관청을 만들어 놓았다.

| Figure 5-10 | 갈릴레오 프로젝트 사업 구조도 (출처: university of Nottingham Prf.Terry Moore)

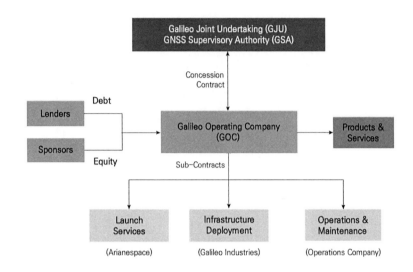

이 EJU는 유럽 의회 승인 및 CBA(Cost-Benefit Analysis)를 통과한 후, 정식으로 PPP를 적용한 사업모델을 구상하고 2005년 입찰을 진행했지만 예정된 입찰 마감일을 지나서도 우선협상 대상자를 선정하지 못했다. 심지어 입찰자들끼리 컨소시엄을 구성하여 2006년 내내 협상을 하였지만 결론을 내지 못한 채 실패하고 말았다. 당초 EJU는 2005년에는 협상을 마무리 짓고 계약을 할 수 있을 거라 예상하였다.

유럽연합은 2009년 이 프로젝트의 실패를 고찰하면서 프로젝트 준비단계 및 PPP 모델 선정에 문제가 있음을 확인한다. 즉 급하게 만들어져서 충분한 역량을 갖추지 못한 GJU와 프로젝트 준비를 위해 충분한 시간이 주어지지 못한 점, 입찰자들끼리 컨소시엄을 구성하면서 경쟁이 없어진 시장 등이 프로젝트 준비단계의 문제였고, 기술적으로 과도한 리스크가 있으며 매출 발생 구조가 예상하기에 너무 어렵다는 점이 PPP 모델 선정의 문제로 지적되었다. 결론적으로 사업의 일정 부분은 정부 재정에 의해서 사업이 추진되어야 한다는 것이었다.

| Figure 5-11 | 갈릴레오 프로젝트의 자금조달 구조 (출처: EUROPEAN COURT OF AUDITORS)

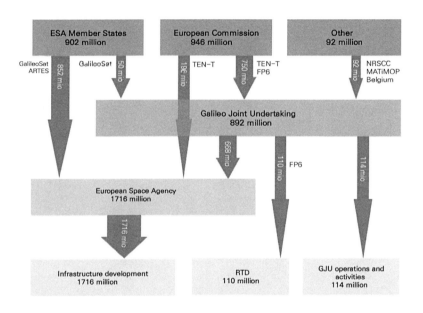

기술적인 리스크는 프로젝트 파이낸싱 사업의 실패에 중요한 역할을 한다. 즉 검증된 기술력을 적용하여 예측 가능한 성과를 기대하는 마음이 저변에 깔려있는 것이다. 그래서 신기술을 이용한 프로젝트 파이낸싱 사업은 보기가 힘들며, 충분히 검증된 이후에만 시장에서 인정/적용될 수 있다. 그래서 신기술이나 신형장비는 실적확보를 위해 해당 국가의 지원을 필요로 하고, 공기업이나 정부 재정사업에서의 요구조건으로 등장하기도 한다.

비록 이 프로젝트는 실패로 끝이 났지만, 여전히 우주 산업에서의 PPP 적용에 대한 잠재적인 가능성이 존재한다는 것을 의미한다. 이미 Space X

와 같은 민간 기업이 충분한 기술력과 상업적 운영 가능성을 증명하고 있으며, 일반인도 돈만 지불하고 우주여행을 할 수 있는 시대가 와버렸다.

2018년 인도네시아에서는 위성 사업과 관련하여 설계, 제작 및 발사 운영 및 유지보수, 금융조달까지 전 분야에 대한 PPP 프로젝트 발주가 나왔었다. 계약기간 15년에 총사업비 1.5조에 달하는 이 사업을 현지의 위성 운영사인 PT Pasifik Satelit Nusantara(PSN) consortium이 수주하였다. 2022년에 발사하여 23년부터 운영에 들어갈 계획이라고는 하는데, 시간이 걸릴 뿐 언젠가는 실현되지 않을까?

최근에는 우주 태양광 발전 및 무선으로 에너지를 지구에 전달하는 시험도 예정되어 있다고 한다. 또 최근에 한국 기술로 쏘아 올린 우주비행체 대부분도 민간회사인 Space X 사의 팰콘에 실려 우주 밖으로 보내졌다고 하니 언젠가 열릴 인프라 시장인 것이 더욱 분명해진 것 같다.

5.5

국제금융기구의 Neo-Colonialism 1부
– 대항해시대와 국제금융기구

언젠가 학창시절에 수업에서든 게임에서든 한 번쯤 들어봤을 그 가슴 벅찬 단어, 대항해시대. 특히 나도 재미있게 했던 게임 '대항해시대4'를 통해서 전 세계의 주요 항구가 어디 있는지, 왜 희망봉이 희망봉인지 등을 알 수 있었다. 15세기 후반부터 18세기 중반까지 이어진 이 시기는 유럽 국가들이 배로 전 세계를 돌며 항로를 개척하고, 탐험을 하며 국제 무역을 활성화시켰던 시기이다.

포르투갈인 콜롬버스는 스페인의 여왕 이사벨 1세의 후원을 받아 아시아를 향해 서쪽으로 떠나고, 그는 끝까지 인도라 믿었던 아메리카 대륙을 발견한 것을 시작으로 아메리카 대륙에서 카카오, 옥수수 같은 새로운 과일과 채소를 들여왔을 뿐만 아니라 금이나 은 등의 귀금속도 가져왔다. 특히 스페인을 통해 유럽으로 대량 유입된 금, 은 등의 귀금속은 물가를 20배, 30배 폭등시키면서 대규모 자본주의적 경영이 확산되었다.

또한, 노예무역이 시작되면서 포르투갈 상선들이 노예무역을 통한 막대한 자본을 벌었다. 서아프리카, 현재의 베냉(Benin)은 다호메이 왕국이 있던 곳으로 노예무역의 주요 공급원이었는데, 이 왕국의 국왕까지 노예무역에 직접적으로 개입하였다고 한다. 주변의 부족들을 점령하고 남녀노소를 불문하고 노예로 만들어 팔았으며 그 대가로 총기나 철, 옷감 등을 구입해 노예사냥을 위한 더 강한 군대를 키우고 중앙집권적 권력을 유지하였다고 한다. 그래서 이 지역을 유럽에서는 노예 해안으로 불렀는데, 아프리카에서 대서양을 건넜던 전체 노예 수의 20%(약 100만 명)를 공급한 최대 노예 수출국이었다고 한다.

초기 대항해시대는 노예를 포함한 무역과 탐험이 주였으나 18, 19세기에 접어들면서 기존과는 다른 양상을 보이게 되는데, 바로 증기기관 발명에 따른 산업혁명 전후의 영향 때문이다. 그 시기 이후로 유럽은 식민지를 노예나 원자재를 위한 공급 시장이 아닌, 자신이 만든 제품의 소비 시장으로 바라보게 된다. 단적인 예로 영국은 인도에서 면직물 수입을 하다가, 1800년대부터 반대로 면직물을 팔기 시작하는데, 이로 인해 인도의 면직물 시장은 심각한 타격을 받았고, 아프리카도 크게 다르지 않았다.

| **Figure 5-12** | 영국에서 서아프리카로 수출된 면화 (출처: Centre for the History
of European Expansion, 1990)

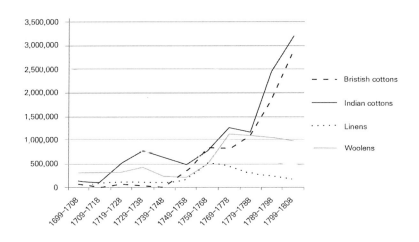

이후, 본격적인 자본주의의 발달로 점점 더 식민지는 공급의 시장이 아
닌 소비의 시장이 되어버렸다.

현재 우리가 살고 있는 시대도 그때와 크게 다르지 않은 부분이 존재한
다. 자본주의는 공급과잉이라는 특징을 가지고 있으며, 정부의 산업 정책도
공급 위주로 돌아가는 것이 기본적이다. 생각해보자. 지난 주말 여러분이 다
녀온 대형마트에 진열되어 있는 상품들이 유통기한 내에 모두 소비가 될 것
같은가? 만약 그렇지 않다면, 그 옆 상권이나 옆 도시에 있는 대형마트는 다
른가? 다들 알고 있는 것처럼 판매되어 보지도 못한, 오래 쓸 수 있으나 쉽
게 버려지는 것들이 너무 많다.

즉, 한 나라가 크게 성장하려면, 그 나라에서 만들어진 물건이 팔릴 곳이
많아야 하는데, 우리도 한국전쟁 이후 초기 복구 시, 일본 상품의 시장이 되
었고(그렇기 때문에 일본 가전제품이 최고인 시대가 있었다) 우리나라의 급격한 성
장도 역시 중국 및 동남아라는 시장이 존재하였기 때문에 가능했다는 이론
들이 존재하는 것이다.

| Figure 5-13 | 세계은행의 구조 (출처: 세계은행)

미국 중심의 세계은행(World bank)과 국제통화기금(IMF)도 이런 맥락을 같이 한다고 보는 비판적 시선이 존재한다. 세계은행과 국제통화기금은 1944년 같이 설립되었다. 세계은행은 전후 세계를 복구하는 것을 시작으로 개발도상국에 대한 지원 및 현재는 NGO나 환경 관련 사업에 지원도 하고 있고, 국제통화기금은 국제 수지 및 환율, 경제성장 등을 감시하고 지원하는 역할을 하고 있다. 이 두 기관에서 가장 큰 영향력을 미치는 기관은 단연 순수한 자본주의의 본고장인 미국으로 가장 큰 지분을 가지고 있으며, 그 영향으로 세계은행의 총재는 미국에서, IMF 총재는 유럽에서 맡고 있다.

세계은행의 총재였던 한국계 미국인 김용 총재는 2012년도 오바마 행정부일 때 선출되었는데, 항상 서방 인물만 뽑히는 것에 반발한 다른 가입국들의 압박이 영향을 미쳤다는 의견이 지배적이다. 그는 최근 임기 3년을 남겨두고 돌연 2019년 2월 1일부로 사임을 발표하였다. 공식적이진 않지만 트럼프 행정부와의 마찰 때문에 선출권이 있는 미국 행정부의 압박이 있었다고 한다. 다음 총재는 트럼프와 같이 신자유주의와 자본주의 성향을 가진 인물이라는 이야기도 있었다.

세계은행은 2가지 목표를 가지고 있다.

1. End extreme poverty by decreasing the percentage of people living on less than $1.90 a day to no more than 3%
2. Promote shared prosperity by fostering the income growth of the bottom 40% for every country

즉, 모든 사람이 잘 사는 지구를 만들겠다는 것이다. 하지만 왜 수원국이 공여국으로 바뀐 나라는 우리나라가 유일할까? 우리나라 사람들 각각이 일당백이어서?(사실 그런 것 같기도 하지만⋯.)

다시 아프리카로 돌아가서, 아프리카 많은 국가들의 부채 비율은 점점 올라가고 있다. 특히 한때 잘 나갔던, 그리고 지금도 아프리카에서 가장 안정적인 나라로 불리는 베냉도 1인당 GDP 2,000$ 이하의 가난한 농업국가로 남아있으며 지속적인 인플레이션에 시달리고 있다.

이렇게 아프리카가 지속적인 원조를 받으면서도 계속 가난한 이유는 여러 가지가 있겠지만 경제학적으로 접근하면 2가지 이론이 있다. 하나는 점차 글로벌해지는 세상 속에서, 이미 선진국이 만들어 놓은 시장에 후발주자로 들어가 성공하기 어렵다는 종속이론, 나머지 하나는 나라 간의 교역 경계가 무너지면서 자연스럽게 자본주의에 침식되어간다는 자유주의 경제이론이 그것이다.

후자의 경우 해외 자본이 개발도상국의 상황을 개선시키기 위해서 투입되지만 결과적으로는 그 나라의 자생력을 망쳐놓고 악화시켜 결국에는 그 격차를 더 넓힌다는 것을 설명한다.

우리나라도 1997년도 IMF 때 동일한 경험을 한 바 있다. IMF는 지극히 자본주의적인 입장에서, 원조의 대가로 우리나라 산업과 정책을 바꾸고 글로벌 자본에게 유리한 시장으로 바꿔놓았다. 당시 코스피가 379까지 떨어지고 외국자본이 유입되면서 이제 주식시장에서 외인을 빼고 이야기할 수 없는 상황이 되었다. 현재 중국 주식시장이 개미들로 이루어진 것과 비교해서 큰 차이가 있다.

개발도상국의 프로젝트 파이낸싱 시장에서 MDB의 영향력은 어마어마하다. 리스크가 큰 사업에 상업자금이 들어갈 수 있는 우산이 되어주고, 프로젝트가 정부의 정책 변경에 의해 어려워지는 경우 정부를 압박할 수단이 될 수도 있다. 돈이 없는 나라에서는 IDA나 IBRD와 같은 원조성 자금을 정부에게 빌려주고, 그 돈으로 프로젝트 사업자에게 대금을 지급하게 하는 형태도 가능하다. 재미있는 것은 그러한 원조성 자금을 받는 조건 중 하나가 수원국의 특정 자산들은 다른 대주에게 담보로 제공하지 못한다는 것인데, 때문에 그 다음 프로젝트 파이낸싱에서 상업자금이 해당 자산을 담보로 설정할 수 없게끔 해놓기도 한다는 점이다. 결국 순수한 공여는 쉽지 않은 것 같다. 이를 Negative Pledge 조항이라고 한다.

겉으로는 산업을 발전시키고 경제를 성장시켜 가난을 극복하게끔 도와주는 천사와 같지만, 그 뒷면에는 절대 손해 보지 않으려고 발버둥 치는, 돈이라는 절대 권력과 다름없는 힘을 즐기는 악마가 있는지도 모르겠다. 아무리 사업이 망가져도 원리금을 받아가려고 정부 보증을 강요하거나, 보험계약자에게 SPV와 자신을 별개로 취급해달라는 조항, 자신에게 돌아올 이익을 실현시킨 후에야 힘들게 사업을 일군 SPV에게 배당을 지급할 수 있게 하는 여러 준수사항(Covenant)들. 그리고 어쩌면 이렇게 해서 수원국 경제가 성장하면, 그땐 본국의 상품을 팔 수 있는 새로운 시장이 열린 것이라고 기대하는 마음 등이 그것이 아닐까.

지금 벌어지고 있는 서방국가 대 러시아-중국의 싸움, 과거에 있었던 많은 전쟁들도 결국 결을 같이 한다고 생각한다. 내 상황이 힘드니깐 싸우는 거다. 소비가 되어야 먹고 사는데 코로나 때문에 사줄 곳이 없어서, 다 힘들어서 내 거 먼저 팔기 위해 싸우는 것은 아닌가 싶다.

앞에서 다루었던 주제에 비해서는 밝지 못한 내용이지만, 여기도 돈이 흘러 들어가는 곳임에는 틀림이 없을 것 같다. 특히 수원국이 전략적으로 중요하다면 말이다. 북한이라는 나라는 과연 어떤 취급을 받게 될까?

5 앞으로의 인프라 돈이 흘러갈 곳

5.6

국제금융기구의 Neo-Colonialism 2부 – 베냉의 수자원 PPP 사업 _ 💰

앞서 잠시 소개했던 베냉은 서아프리카에 위치하고 있으며, 과거 프랑스령 서아프리카에 속해 있었다가 1960년 다호메이 공화국으로 독립, 1972년 쿠데타를 통해 인민공화국이 되었다가 공산주의 붕괴 이후 1990년대 베냉 공화국이 된 나라이다. 그렇다 보니 공용어로는 프랑스어, 통화는 프랑(XOF)을 사용한다.

1999년 베냉 정부는 분권화를 통해 정부 행정기관을 재편하면서 12개주 및 77개의 지방 정부가 생겼고, 각각의 지방 정부는 상수도 공급 설비 및 운영에 대한 책임을 지게 되었다. 이 지방 분권화 및 상수도 공급 서비스를 위해서 IFC의 Water Sanitation Program(WSP)이 지원을 하였고, 3개의 지방 정부에다, 현지 소규모 민간사업자를 활용한 상수도 사업에 PPP 개념을 도입하기 위한 조언도 실시하였다.

이때 정부는 민간사업자에게 결과물에 대한 보상금을 지급하였고, 이를 통해서 민간사업자는 현지 금융을 이용할 수 있었다.

2007년부터 2014년까지 269개의 사업을 통해 전체 인구의 28%에게 상수도를 공급하였다. 2015년 2월, 약 77개의 상수도 공급자가 활동하고 있다. 세계은행은 이 사업을 통해서, PPP 적용을 위한 정부의 재편 및 사업을 위한 기술적인 조언 등으로 큰 기여를 하였다고 스스로 평가하고 있다.

그럼 이 베냉의 사정은 나아졌는가? 하루 1.9$ 및 3.2$ 이하로 사는 인구의 비중을 의미하는 빈곤율은 그렇지 않다는 것을 보여준다. 50% 수준의 국민은 하루 1.9$ 이하로 살아가고 있다. 같은 기간 한국은 0.5% 미만을 유지한다.

지난 20년간 매년 GDP는 4~5% 상승을 유지하였지만 빈곤율은 큰 변화가 없다. 외국과 물건(재화)이나 서비스(용역) 등을 팔고 산 결과인 경상수지는 어떠한가? 돈을 벌고 있는 것 같지는 않다.

| Figure 5-14 | 베냉 빈곤층 비율 불평등 지수 (출처: 2020 povertydata.worldbank.org)

POVERTY	Number of Poor (million)	Rate (%)	Period
National Poverty Line	4.2	40.1	2015
International Poverty Line 456.8 in CFA franc (2015) or US$1.90 (2011 PPP) per day per capita	5.2	49.5	2015
Lower Middle Income Class Poverty Line 769.4 in CFA franc (2015) or US$3.20 (2011 PPP) per day per capita	8.1	76.2	2015
Upper Middle Income Class Poverty Line 1322.4 in CFA franc (2015) or US$5.50 (2011 PPP) per day per capita	9.6	90.6	2015
Multidimentional Poverty Measure		71.7	2015

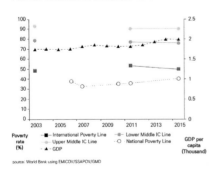

POVERTY HEADCOUNT RATE, 2003-2015

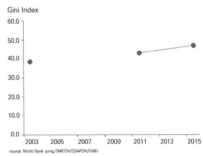

INEQUALITY TRENDS, 2003-2015

| Figure 5-15 | 베냉의 GDP 추이(USD) (출처: 세계은행)

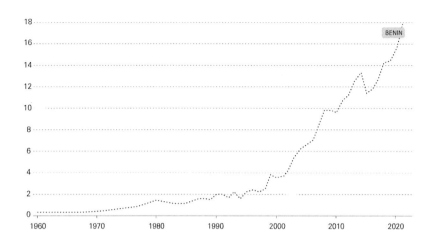

| Figure 5-16 | 베냉의 경상수지 그래프 (출처: Trading economics.com/World bank)

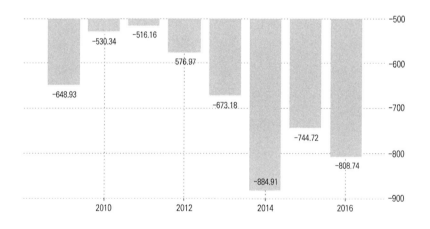

베냉은 아프리카에서도 몇 안 되는 정치/경제적으로 안정되어 있는 나라로 평가받고 있고 GDP나 CPI와 같은 지표들이 그것을 뒷받침해 주지만, 경상수지나 빈곤율은 다른 이야기를 하고 있다는 점을 주목할 필요가 있다

고 생각한다. 즉, 나라는 안정적으로 부강해지고 있는데, 국민들은 여전히 가난하다. 그럼 이 나라의 부는 어디에 있는 것일까? 아마 해외로 유출되거나 빈부격차가 커지는 형태일 것이다.

사실 이런 단적인 자료들만 가지고 세계은행이 베냉에다 탐욕을 부렸다고 단정 지을 수는 없다. 하지만 확실한 것은 빈곤을 없애고, 부를 나눈다는 세계은행의 목표가 베냉에서는 먹혀 들어가지 않았음에도 여전히 PPP의 성공적인 사례로 홍보를 하고 있다는 점, 여기에 중국자본들까지 들어와서 비슷한 상황이 이어지고 있다. 일대일로에 따라서 얼마나 많은 국가가 중국 자금으로 사업을 하였으며, 또 얼마나 많은 나라가 그 부채를 다 상환하지 못하여 인프라의 운영권를 넘겨주었던가.

국제금융기구는(혹은 그 뒤에서 지켜보고 있는 선진국들은) 가난한 나라를 인도적으로 지원해줘야 할 인류가 있는 지역이라고 하기보다는 내 물건을 사줄 새로운 시장으로 커질 가능성이 있는 곳으로만 보는 것 같고, 모든 인류가 동시에 잘 살기 위해서는 외계인 식민지를 만들어 물건을 팔아야 할 것도 같다.

엔지니어로서의 순수한 생각이기는 하지만, 개인적으로는 우리나라의 많은 시공사, 엔지니어링사 및 상사 등 잠재적인 Developer들이 해외에 나가서 똑같은 돈을 벌더라도, 그 나라 사람들에게 진정으로 필요한 부분을 해결해 주려는 마음으로 접근했으면 좋겠다. 그것이 바로 민간 외교이고 앞으로도 양국의 관계 발전에 큰 도움이 될 초석이 되지 않을까 기대해본다.

5.7

우리가 캠핑을 좋아하는 이유 ⎯⎯⎯⎯⎯⎯⎯⎯⎯⎯⎯⎯⎯⎯ 🪙

균형적인 시선을 갖자는 의미에서 쓴 내용이기는 하나 개발과 관련된 금융에 대해 긍정적이지 못한 글로 마무리하려다 보니, 오해를 살 수 있을 것 같다. 나 스스로도 건설과 인프라 금융을 화두로 밥벌이를 하고 있는 지라, 당연히 건설과 발전에 대해서는 (그것이 무분별하지 않다면) 긍정적으로 바라보는 입장이다.

우리는 쉽게 "00개발 때문에 생태계가 파괴되고 있어요"라는 느낌의 기사와 뉴스를 많이 접한다. 아마 다들 아시는, 거북이 코에서 빨대를 제거하는 영상도 비슷한 느낌으로 받아들였을 것이라고 생각한다. 실제로 환경인허가는 어느 나라를 막론하고 점차 강화되고 있기 때문에 매우 중요하다.

실제적으로 개발에 의한 생존권에 직접적인 영향을 받거나 삶의 질이 떨어지는 분들을 제외하고 나 같은 대부분의 일반인들이 개발에 대해 부정적 인식을 갖는 이유 중 큰 부분은 아마도 개발이 곧 환경파괴라고 인식된다는 점 때문일 것이다. 하지만 아이러니하게도 그러면서 동시에 보다 편하고 안전하기를 바라는 마음도 있을 것이다.

흔히들 알프스 소녀 하이디가 보았을 것과 같은 풍경을 볼 때 "경치 좋다. 이렇게 자연환경이 잘 보전되어 있다니 나도 이런 곳에서 살고 싶다." 하며 감탄할 것이다. 하지만 실제 '자연과 함께 산다는 것'은 그런 상상과는 조금 다를 수 있다. 현실적으로 현재까지 인류에게 있어서 자연은 항상 시련과 도전의 대상이었다. 지진이나 해일, 야생동물 등 '자연'으로부터 실제적인 위협을 받는 사람들에게 "자연 그대로인 삶을 살아서 좋으시겠어요~" 라고 말할 수 있을까? 그렇지 못하기 때문에 우리 인류는 그러한 위험에서 벗어나 안전하게 살기 위한 기술을 발달시키고 개발을 해온 것이다.

에너지는 어떠한가? 요새는 석탄뿐만 아니라 화석연료의 사용 자체가 대역죄라고 인식하는 경향이 있는 것 같다. EU택소노미에 LNG가 들어간 것만으로도 환경단체는 "아직 정신을 못 차렸구먼!"이라고 이야기하는 것 같다. 하지만 사실은 다를 수 있다.

내가 최근에 접한 사업 중 동남아시아에 LPG를 수입하는 터미널을 건설하는 사업이 있었다. 다들 여기까지만 들으면 "LPG는 뭐야, 우리 80년대 가스통으로 받던 그거 아냐? 그게 친환경이야?"라고 생각할 것이다. 하지만 현재 이 지역의 대부분은 나무를 벌목하여 난방이나 음식을 만드는 데 활용하고 있다. "LPG는 화석연료, 무조건 나빠!"라고 하기 전에, 이 지역에다 LPG를 공급함으로써 벌목을 줄이고, 그에 따라서 숲을 보호할 수 있다면 이런 시도가 정말 나쁜 것인지에 대한 이해가 필요하다. 신재생에너지보다 LPG가 더 값이 싼 연료원이고, 나무를 태우는 것에 비하면 발열량도 훌륭하고 통제가 가능한 더 나은 에너지원이다.

| Figure 5-17 | 전 세계 에너지 소비 및 에너지원 추이 (출처: e-education.psu.edu)

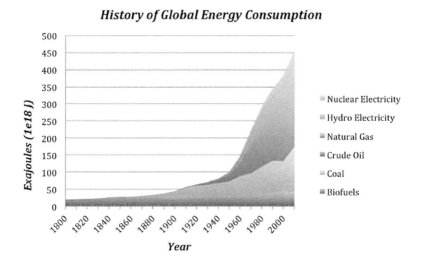

History of Global Energy Consumption

네팔도 마찬가지이다. 카트만두는 우리보다 덜 발전해있는 도시인데 도착하자마자 무엇을 태우는지 탄 냄새가 진동하고, 차와 오토바이에서 나오는 매연도 엄청나다. 네팔의 주요 에너지원은 목재이기 때문이고 그 의존도는 도심지에서 벗어날수록 더하다. 발전원 중에 설치용량 기준으로 수력발전이 제일 크기는 하지만 그것으로는 부족하기 때문에 전기를 쓰지 못하는 사람이 훨씬 많다. 또한 경제발전이 충분하지 않아 그런 에너지원을 구매하는 것도 부담이다. 여기에 저렴한 화석연료원을 공급하여 벌목을 줄일 수 있다면 좋은 것 아닌가?

바이오매스를 반대하는 사람들은 같은 열량을 내는 데 있어 목재를 태웠을 때 발생하는 이산화탄소가 석탄보다 더 많고, 이렇게 배출된 탄소가 다시 흡수되어 나무가 되는 데 70년은 걸리기 때문에 바이오매스 발전의 탄소중립 논리는 말도 안된다고 주장한다. 어차피 인간의 생존을 위해 써야 할 에너지인데, 탄소중립 역시 안된다고 하면 차라리 더 싼 화석연료를 써서 경제를 발전시키는 것이 더 현실적으로 나은 선택 아닌가?

| Figure 5-18 | 네팔의 에너지원 비율 2022 (출처: theannapurnaexpress.com)]

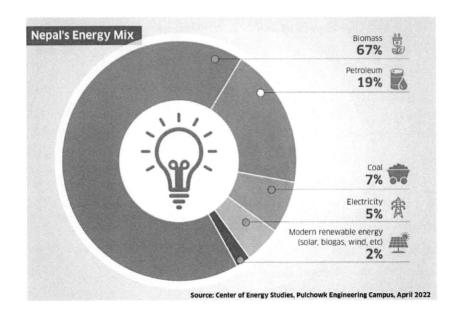

Source: Center of Energy Studies, Pulchowk Engineering Campus, April 2022

"아니, 그렇게 복잡한 건 모르겠고요. 경제성장을 하면 에너지 소비가 더 늘어날 거고, 그 늘어나는 것을 지금처럼 화석연료로 다 채우면 되겠어요?"라고 이야기한다면, 이렇게 질문하고 싶다. "경제가 성장하고 부유해지면 자연스럽게 비싸더라도 청정 에너지원이라도 구매할 수 있는 여력이 있지요. 그게 삶의 질을 더 높여 줄 테니까요. 지금 우리처럼요." 지금부터 당장 환경에 좋으니 비싼 에너지원을 쓰라고 하는 것은 마치 비싼 전기차를 할부로 주고, 현재 월급으로 간당간당하게 상환하게 만들면서 "기름값 안 드니깐 열심히 일해서 돈 많이 벌면 되지!"라고 말하는 것과 같다.

"그럼 그냥 지금처럼 목재를 쓰면서 탄소를 더 내보내도 총량이 적으면 되지 않나요?" 네팔 사람들에게 경제발전을 하지 말라고 말하는 것은 너무 이기적인 발상이 아닌가 싶다. 환경단체의 주장은 이 상태가 계속되면 인류가 멸종할 수도 있다는 것인데, 전부 멸종하는 것보다 차라리 누군가 나를 대신해서 가난한 상태로 사는게 낫다는 논리이지 않은가. 인류에도 등급이 있어서 차별을 두어도 괜찮다는 논리인 건 아닌가 싶다. 모두가 안전하게 잘 살자는 것이 목표이어야 정당한 것이지 않은가?

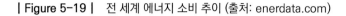

| Figure 5-19 | 전 세계 에너지 소비 추이 (출처: enerdata.com)

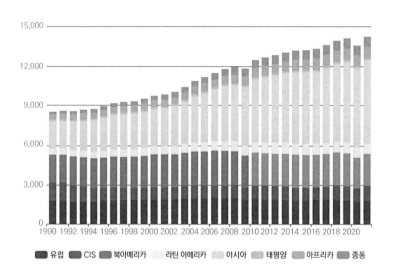

세상 모든 나라가 그러하였듯, 값싼 에너지원이 그 나라의 성장동력이다. 근데 환경 때문에 나무도 쓰지도 못하고, LPG도 안된다고 하면, 여기 거주하는 사람들은 경제성장은 고사하고 어떻게 생존하라는 것인가? 그런 상황이 되면 아마 100% 다시 벌목을 하게 될 것이고 결과적으로 (우리나라 과거가 그랬듯) 숲은 줄어들고 생태계는 파괴될 것이다. 그럼 그곳에 사는 사람들은 도시로 보내야 하는데 다시 돌고 돌아 경제성장이 되어야, 도시에 일자리가 늘어나야 이 사람들이 살아갈 것이 아닌가.

우리는 보다 현실적이어야 한다. 비싸더라도 환경을 생각하여 깨끗한 에너지를 살 수 있게 해야 하며 그를 위해서는 경제성장이 필요하다. 또 다른 관점에서는 경제가 성장할수록 그리고 성장하기 위해서 소비하는 에너지가 증가하며, 그것을 위해서 보다 열량이 높은 에너지원을 찾게 되고 그 결과 역사적으로 보듯 보다 깨끗하고 안전한 에너지를 사용하게 된다. 목재에서 석탄, 석유 및 천연가스로, 그리고 현재 수소로 넘어가는 과정, 즉 탄소에서 수소로 넘어가는 것은, 그 필요와 기술발달에 따른 자연스러운 에너지 전환 흐름이다. 그냥 단순하게 중간과정에 있는 화석연료가 싫다고 "자 이제부터 모두 아무것도 쓰지 맙시다! 모두 자연인이 되어요!"라고 하는 것은 너무 극단적이다. 자연은 인간에게 우호적이지 않은 공간이고 과거 지표가 이야기해주듯 더 많은 질병과 위험에 노출될 것이 뻔하기 때문이다. 그게 아니면 인류는 또 다시 생존을 위해서 자연을 파괴하게 될 것이다.

| Figure 5-20 | 열대우림 파괴 요인 (출처: ourworldindata.org)

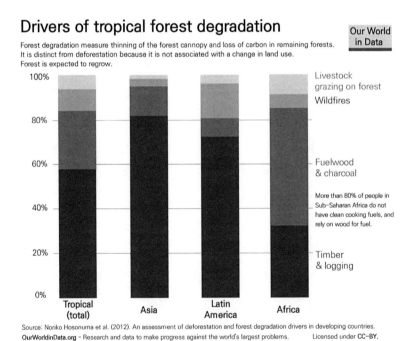

또 한편으론, 산업이 발전하니깐 환경이 파괴되는 거라고 주장한다면 과연 우리는 모두 1차 산업인 농업으로 돌아가야만 하는가? 가난한 나라에서 태어났고 산업이 발달하지 못해서 농업 위주의 삶을 살고 있다면, 노동력이 필요하나 영아사망률은 높기 때문에 아이를 더 낳는 것이 생존에 유리하다. 전기를 구매하고 그에 맞는 생활용품을 갖추어야 하나 가난하기 때문에 나무를 해와서 그걸로 난방과 요리를 해야 한다. 이를 극복하기 위해서는 산업이 성장하고 농업기술이 발달하여 생산성이 증대되어야 하며 의료가 발달해야 한다. 왜냐하면 인구가 성장하는 데 발맞춰 농업기술이 발달하지 못하면 과거에 인류가 그랬던 것처럼 더 많은 자연이 파괴될 것이기 때문이다.

| Figure 5-21 | 과거 농작지를 위해 파괴한 산림 (출처: ourworldindata.org)

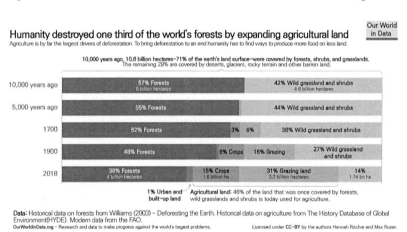

이러한 도돌이표와 같은 논쟁을 끝내기 위해서는 경제성장이 필요하다. 경제가 성장해서 자연을 파괴하지 않는 자원을 만들어야 하고, 보다 나은 방향으로 고민할 수 있는 경제적인 환경이 뒷받침되어야 한다. 1차 관심이 생존인 상태에서는 그 어느 것도 발전할 수 없다. 경제가 성장할수록 개인이 소비하는 에너지는 많아지겠지만 한편으로는 보다 깨끗한 에너지를 쓸 수 있는 경제적 여력도 같이 증가하고 출산율은 감소한다.

| Figure 5-22 |　경제성장에 따른 출산율 (출처: Federal reserve bank of St. Louis)

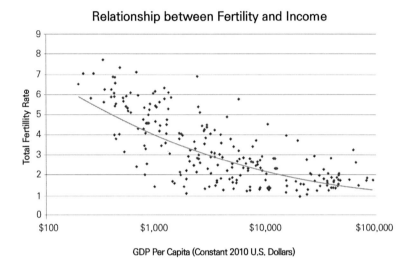

| Figure 5-23 |　전 세계 인구 예상 2022 (출처: ourworldindata.org)

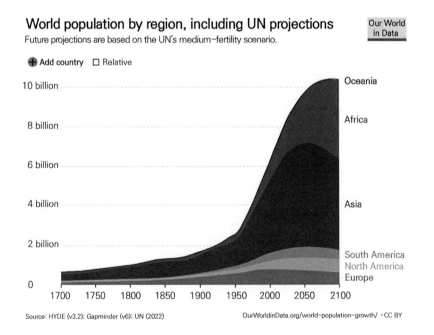

　　　　　　　　　　　　　　　　　　　　　5 앞으로의 인프라 돈이 흘러갈 곳

지금 이 순간에도 우리는 올바른 방향으로 나아가고 있다고 생각한다. 경제를 성장시키고 전 세계 개개인의 삶을 더 좋게 만들면서, 지구의 환경과 생태계를 파괴하는 에너지원을 사용하는 대신 깨끗하고 지속 가능한 에너지원을 끊임없이 개발 중이다. 농업생산량 증가에 따라 인구가 증가함에도 불구하고 필요로 하는 경작지는 줄어가고 있는데, 앞으로 인구는 정점을 지나 감소할 것으로 예상된다.

| Figure 5-24 | 인구 1인당 농작지 면적 (출처: ourworldindata.org)

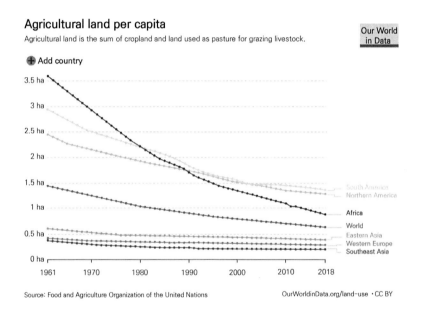

지금 한 가지 요소를 빼도, 나머지 것들이 그대로 유지될 것이라는 허상은 접어두는 것이 좋다. 세상은 서로 연결되어 있고 복잡하기 때문이다. 물론 그런 것을 제쳐두고 선언적으로 방향성을 제시하는 것은 좋지만 정말 방향성을 제시할 것이라면 많은 사람들을 이해시키고 그들의 마음을 끌 수 있는 근거와 내용을 전달해야 할 것이다.

우리가 캠핑을 가서 기대하는 것, 우리가 바라는 목가적인 환경을 하나하나 뜯어보면 사람이 붐비지 않고, 자연이 유지되면서, 안전하고 깨끗한 환경을 의미한다. 모든 인류가 행복하고 안전하기를 바라는 것까지 가지 않아도 좋다. 그렇기 위해서는 경제가 성장하고 발전이 이루어져야 한다.

비록 플라스틱이, 빨대가 거북이를 아프게 하긴 했지만, 플라스틱이 코끼리 상아를 대신할 수 있어서 코끼리를 구하였다. 사실 바다 쓰레기의 대부분은 우리가 쓰는 빨대가 아니라 버려진 그물과 같은 해양수산업과 관련된 것들이다. 양식 기술의 발달이 바다에 버려지는 쓰레기를 줄이는 데 도움을 줄 수 있다.

화석연료가 땅속의 탄소를 끄집어내서 지구 온도를 높이는 것이 사실일지 모른다. 하지만 밥을 하기 위해 벌목을 하지 않아도 되어서 그만큼 숲과 동식물이 보호될 수도 있다. 인류가 지구를 지배하기 위해 하던 발전의 시대는 지나갔고, 보다 공존할 수 있는 영역을 뻗어나가고 있는데, 아직도 과거에 묶여 있으면 안 된다. 또 과거를 미화해서도 안 된다. 우리가 해야 할 것은 현재를 직시하고 진짜로 필요한 것이 무엇인지를 생각해서 개발하는 것이다. 인프라는 그 중심에 있는 중요한 산업이다.

결문

코로나 시기를 잘 보내고 다시 열린 하늘길 덕분에 출장을 다녀왔지만 총
각 때에 비하면 남편과 아빠를 기다리고 있을 가족들 생각에 비행기를 타는
것이 그렇게 즐겁지만은 않다. 70년대 대한민국의 찬란한 발전을 위해 해외
에 나가셨던 광부분들이나 간호사분들, 그리고 중동에서 하도급을 수행하러
가셨던 많은 건설인분들이 이러한 심정이셨을까? 아마도 비교도 못할 정도
로 더 힘들고 외로우셨을 것이라고 생각한다. 오늘날의 대한민국은 전 세계
에서 유일하게 원조를 받다가 주는 나라가 되었고 겨우 몇십 년 만에 엄청난
발전을 한 위대한 나라이다. 비록 여전히 내부적으로 인구나 정치, 빈부격차
의 확대와 차별 등 많은 사회문제를 안고 있는 것은 사실이지만 그럼에도 불
구하고 나는 대한민국인으로 태어난 것이 자랑스럽다.

배운 게 도둑질이라 그런지 모르겠지만, 건설 자체가 무에서 유를 창조하
고 몇 백 년을 이어갈 구조물을 만드는 것인데, 이런 것들이 결국 엔지니어링
설계를 하시는 분들의 지식, 경험과 컴퓨터로 시작하여, 그 내용을 가지고 아
무것도 없는 들판에서 몇 년간 상주해가면서 하나씩 만들고 쌓아 올리는 것
자체로도 대단한 일인데 그걸 말도 잘 안 통하는 외국인들과 해외에서 하고
있는 우리 건설인들을 생각하면 경이롭다.

토건족이라고 괄시당하고, 건설사업을 통해 뒷돈을 빼먹는 나쁜 놈들로
만 표현되는 것을 보면 많이 속상한 부분도 있으며, 우리나라의 건설업도 이
제 성숙한 단계에 올랐고 인구가 감소하면서 신규 사업이 없어져 자연스럽
게 사양산업화되는 것이 너무 안타깝다. 나 스스로도 그 과정에서 건설사를
나와서 다른 일을 하고 있기는 하지만 여전히 나는 건설업을, 정확히 말하면
건설업에서 근무하는 내가 아는 모든 사람들을 존경한다.

내가 이 책을 통해서 이야기하고 싶었던 본질은 머리말에서도 말한 것과

같이 인프라만 보더라도 생각보다 다양한 분야들이 있는데, 그것을 관통하는 것은 '돈'이라는 점이다. 어찌 보면 IB 업무와 마찬가지로 견적도 도제식으로 이루어진다. 아마도 '돈'이라는 것이 언제든 변할 수 있는 것이기에 그 성질이 업무에도 자연스럽게 반영된 것 같기도 하고 프로젝트마다 다 다르니 IB 업무든 견적이든 동일하고 반복적으로 할 수 없다는 특성이 있기 때문이라고도 생각해본다.

그러다 보니 한두 사람의 역량이 중요하고 앞선 사람이 경험한 내용이 잘 전수되지 않으면, 그 지식은 없는 것과 마찬가지가 되는 것이 매번 안타까웠다. 그래서 예전 회사에서도 견적툴을 스스로 만들어 보기도 하고, 그걸 누군가 활용하여 더 발전시켜주길 바랐으며, 일하면서 쌓아 두었던 지식들을 글로 정리해서 남겨야겠다고 생각한 것이 이 책의 시작이 되었다. 그 과정에서 짧지만 (고로 적응하고 이해하는 데 너무 많은 고통이 뒤따르고 있지만) 증권사와 은행에서 인프라 금융 업무를 해보면서, 같은 인프라를 대하더라도 비슷하면서 다른 각각 금융회사의 성격을 얻어, 결론적으로는 인프라 사업과 관련된 돈 이야기를 써봐야겠다는 생각으로 여기까지 오게 되었다.

비록 나는 직접 건설기간에 현장에서 실무적으로 돌아가는 돈 이야기는 경험해보지 못해서 알지는 못하지만 적어도 내가 경험하고 고민한 부분들이 이 글을 읽는 분들에게 전달되기를 바라고, 더 나아가 현대와 같은 융·복합 시대에 '토목과' 혹은 '건설사회환경시스템공학과'라는 학부과정에서 '공학'만 가르치는 것이 정말 적절한 것인가에 대한 생각도 해보았으면 한다.

해외 인프라 PF와 관련해서 책도 내시고 글도 쓰시는 분께, 지금과 같은 금리상승기에는 어떻게 해야 하는지 고견을 여쭈었더니 다음과 같은 답을 주셨다.

"30년 가까이 "금융"을 화두로 삼아왔지만 아직도 금융이 무엇인지 쉽게 정의 내리지 못하고 있습니다. 몇몇 단어로 정의되지 않으며, 하나의 원칙이나 공식으로 특정되지도 않는다는 것이 제가 금융에 대해 가지고 있는 생각입니다. 금융에는 너무 많은 가식과 탐욕이 있으며, 보는 시각에 따라 너무나 많은 모습을 가지고 있기 때문이기도 합니다."

꼭 금융업에 한정되는 표현은 아닌 것 같다. 처음부터 끝까지 인프라 사업을 관통하는 돈이란 화두에도 적합하다고 생각된다. 융복합이라는 명분으로 점점 더 예측이 불가능하고 복잡해지는 세상 속으로 가고 있는 요즘, 하나의 원칙과 공식으로 특정되지 않고 보는 시각에 따라 너무 많은 모습을 가지고 있으며, 가식과 탐욕이 내재된 돈이라는 주제에 대해서 우리 건설 엔지니어들도 한번쯤 깊이 고민해보았으면 한다.

참고문헌

건설계약연구소 http://concm.net/

건설기계 연간표준가동시간 산정에 관한 연구/이중석, 허영기, 안방률/한국건축시
  공학회 논문집 제8권 1호 2008.2월

경제성에 의한 건설중장비 감가상각관리 개선/이용수/대한토목학회논문집 제 32권
  2012.7월

금융투자협회채권정보센터 https://www.kofiabond.or.kr/

대한건설협회

민법 총칙/조승현·이호행/KNOU Press

수출입은행 홈페이지 https://www.koreaexim.go.kr/

적도원칙 홈페이지 https://equator-principles.com/

채권 총론/조승현·이호행/KNOU Press

피딕 홈페이지 http://www.FIDIC.ORG

하도급공사 간접비 지급 개선방안/대한건설정책연구원/2019.3

Accuracy of cost estimates at different stages of the design/AbouRizk/2002

B-lab 홈페이지 https://www.bcorporation.net/

OECD 홈페이지 https://www.oecd.org/

Skills & Knowledge of Cost Engineering 5th edition/AACE International

2022 건설공사 표준품셈/한국건설기술연구원

약력

김재연

고려대학교에서 사회환경시스템공학을 전공하였다. 이후 대림산업에서 해외인프라사업 견적 및 입찰, 사업개발 등의 업무를 하면서 다양한 국가 다양한 프로젝트 및 사람들을 만났고, 그 과정에서 현업에 대한 재미 및 한계를 느꼈다.

이후 모교 글로벌건설엔지니어링 석사 과정을 통해 그 한계를 극복할 수 있는 기회를 얻어, 삼성증권 IB 인프라금융을 거쳐 현재는 신한은행 에너지금융부에서 근무하고 있다.

글로벌 인프라 사업에서 공학도들이 할 수 있는 다양한 분야가 있음을 알리고자 엔지니어링데일리에서 '인프라를 설명하는 남자들' 및 '건설과 금융'을 연재하였고, '민관협력사업(PPP)의 개요와 이해(번역)'를 출간하였으며, 팟캐스트 '건설왕'을 진행하였다.

인프라 돈 이야기

초판발행	2023년 2월 28일
지은이	김재연
펴낸이	노 현
편 집	김다혜
표지디자인	Ben Story
제 작	고철민·조영환
펴낸곳	㈜ 피와이메이트
	서울특별시 금천구 가산디지털2로 53, 한라시그마밸리 210호(가산동)
	등록 2014. 2. 12. 제2018-000080호
전 화	02)733-6771
f a x	02)736-4818
e-mail	pys@pybook.co.kr
homepage	www.pybook.co.kr
I S B N	979-11-6519-365-2 93530

copyright©김재연, 2023, Printed in Korea

정 가   17,000원

박영스토리는 박영사와 함께하는 브랜드입니다.